狼の群れはなぜ真剣に遊ぶのか

エリ・H・ラディンガー 著
シドラ房子 訳

築地書館

Die Weisheit der Wölfe
by Elli H. Radinger

Japanese translation by Fusako Sidler
Published in Japan by Tsukiji-Shokan Publishing co.,Ltd.Tokyo

もくじ

はじめに
オオカミとキスして依存症になったこと

きみがなつけたものに対して、
きみは一生責任を負うんだよ。
——アントワーヌ・ド・サンテグジュペリ

どんなことにも最初がある。私とオオカミの特別な関係では〝初めて〟が三つあった。初めてのキス、初めての野生オオカミ、初めてのドイツのオオカミ。

初めてのキスの相手はインボ。アメリカ内の囲い地に棲《す》む、六歳の雄シンリンオオカミだ。そのころ、私は独立の弁護士としての仕事をやめて新生活に入ったところだった。犯罪事件、賃貸トラブル、離婚といった問題にしだいにストレスがたまり、熱意を持って公正を勝利に導く代わりに、裁判が苦痛でしかなくなった。優れた弁護士が必要とする距離と非情さに欠けていたのだと思う。残された人生をそのように過ごすのはいやだったので、ついに夢を実行に移すことにした。こうして大好きな執筆とオオカミへの情熱が一つに結び合わされた。

私は、インディアナ州にあるオオカミ研究施設ウルフパークの行動研究実習生に応募した。大学で生物学を学んだわけではないけれど、大きな情熱と楽観主義を抱いて。研究リーダーを務めるドクター・エーリリヒ・クリンクハンマーから、面接で次のような説明を受けた。実習生を採用するかどうかを決めるのは、ひとえに主要な群れのリーダーだよ、と。

でも、オオカミに採用してもらうにはどうしたらいいの？　さいわいなことに踊ったり歌ったりといったパフォーマンスをする必要はない。それでも、テレビのオーディション番組「ドイツはスーパースターを探している」に出演したとしても、これほど興奮しなかったに違いない。実際には、囲い地オオカミとの出会いにさいして、それがいちばん誤った感情だったとしても。「冷静さを保つことだよ。オオカミは興奮を感じ取るから」と、クリンクハンマーに言われた。

五〇キロもあるたくましい毛皮の動物と向き合い、黄色い目に凝視された状態で冷静さを保つということだ。このとき、子どものころの親友でいつもそばにいてくれたジャーマン・シェパードを思い出した。基本的には、インボだって大きな犬……すごく大きな犬にすぎないのだから。オオカミとの対面に先立って、安全に対する手ほどきを受け、囲い地のオーナーを前もって法的に守る措置がとられる。オーナーの法的責任免除を定めた契約書に私は署名したが、その文面には怖気づかされた。「負傷の危険があること、重度の負傷の可能性もあることを私は理解している」というものだ。

こうした警告を受けたのち、二人の動物世話人とともに囲い地に足を踏み入れた。まっすぐな姿勢を保とうと努めながら深呼吸すると、優雅に駆けてくるオオカミに、私の世界の焦点を合わせる。毛皮の銀色の縞が午後の陽光を受けてきらめく。黒い鼻は私のにおい跡を深く吸い込み、耳は注意深く前方に向けられている。インボの群れのメンバーが柵のそばに立っているのが、視野の隅に見えた。私がテストに合格するかどうか、リーダーが私を受け入れるかどうか、緊張して見守っているのだろう。私も同じ心境だった。そうでないと実習に参加できないのだから。いまや、次の数秒間を克服するかどうかにかかっている。

目の前のシーンが頭のなかでスローモーションのようにゆっくりと流れていく。オオカミの力強い後ろ脚がほんの少し沈み、ジャンプの構えをしたかと思うと、私に向かって飛んできた。その身体の重みを受け止めたとき、もはやあとに引くことはできなかった。てのひら大の前足が私の肩にのせられ、立派な牙が私の顔から数センチのところにある。世界は止まった。そのときだ。インボのざらざらした舌が私の顔をなで始めた……何度も何度も。この〝キス〟のおかげで、私はオオカミ〝依存症〟になった。

　インボに受け入れられたのち、ウルフパークでの実習が始まった。囲い地オオカミの飼育と習性について、ありとあらゆることを学んだ。オオカミの赤ちゃんを哺乳瓶で育て、続く数カ月間にインボや群れのほかのメンバーからも、濡れた愛の証をたっぷりともらった。

　半年後にミネソタ州の大自然のなかに移り住んだときには、すでに高度な教育を受けたあとだったので、オオカミについては何でも知っていると考えていた。ところが、そこで出会ったのは、野生のオオカミだった。

　私の住む湖畔のログハウスは、オオカミとクマの棲息地の真ん中にある。オオカミの足跡を探すため、元日の朝にスノーブーツを履いて外に出たとき、気温はマイナス三〇度だった。それまでグレーの毛皮の隣人を目にしたことはなく、吠え声によって彼らの存在を知るだけだった。だが、その前の晩、小屋の前でオオカミのコーラスを聞きながら長時間オーロラに見惚れていたとき、湖上でなにやら動くものがある。はっとして夢のような現象から目をそらすと、ほのかに光る雪面を四匹のオオカミが走ってくる。やがて彼らは地平線のところで見えなくなった。動物を追っていたようだが、それが何かはわからなかった。

　翌早朝、彼らを探すために家を出た。注意深く足跡を追って森のなかを進む。茂みのなか、切り株や石の上、低木、岩石のそばや雪におおわれた野原のへり。苦労しながら前に進む。ときどき見かける円形のへこみは、おそらくシカの休憩所なのだろう。雪の上にたっぷりと黄色のマーキングがあるのは、オオカミたちもこの場所を見つけたということだ。オオカミの道を探して一時間くらいしたころ、新鮮な血が目に留まり、すぐに若いシロオジカの死体が見つかった。膝をついて触れてみると、まだ温かい。腹は裂かれ、後ろ脚一本がないほか、胃が外にはみ出し、心臓と肝臓は跡形もない。喉と脚が鋭く嚙み切られているところを見ると、シカは長く苦しまずにすんだらしい。

あたり一帯にオオカミの姿は見当たらない。いや、だれかに見られている、という感じをふいに抱いた。雪に膝をついた格好は、腹をすかせたオオカミが背後にいるとすると、いい体勢とはいえまい。スローモーションで立ち上がり、身体をまわす。数メートル先にいたのは、タイリクオオカミだった。電場を通過したかのように首から背中にかけての毛が逆立ち、耳をぴんととがらせ、頭を軽くかしげて私を凝視している。鼻翼が震えているのは、私のにおいを嗅ぎ取ろうとしているからなのか。だが、風は別の方向から吹いている。まだ若いオオカミは私がだれなのか、いや、何なのか、わかっていないということが見て取れた。私の呼吸が止まる。もちろん野生オオカミは人間を襲ったりしない。だが、そのことをこのオオカミは知っているだろうか。彼は腹をすかせており、苦労してしとめた獲物と彼のあいだに私がいるのだ。

「ハロー、オオカミさん」。しわがれた声で言ったのは、ほんとうに私だったのだろうか。

動物は驚いてぴくっと身を震わせ、一歩後ろに跳ねた。同時に、こころもち上げていた尾を腹の内側にぴったりと寄せる。好奇心が不安に変わったのだ。それから後ろ脚を軸に半回転すると、森のなかに駆け込んだ。その姿が背後に消えた場所の木々を、私は長いあいだ興味深く見つめていた。

それに続く数カ月間に、ミネソタ州北部のイーリー市にあるインターナショナル・ウルフセンターの生物学者数名と、わが家の近隣に棲むオオカミたちから、野生オオカミの生活と行動についてたくさんのことを学んだ。そのほか調査研究、遠隔測定法、モニタリングについても。

一九九五年、イエローストーン国立公園にカナダのシンリンオオカミが導入されたとき、私の〝オオカミ〟人生は新しい段階に入った。イエローストーン・ウルフプロジェクトにボランティアで参加し、野外調査では生物学者の助手を務めた。このときの主な活動場所は、国立公園北部の広い谷で、標高二五〇〇メートルに位置するラマー・ヴァレー。ここに棲む複数のオオカミ家族を観察し、それを生物学者に報告した。

すでに二〇年以上前になるが、このとき以来、オオカミとの出会いを一万回以上体験した。彼らとの距離がわずか数メートルということも何度かあったが、脅威や不安を感じたことはない。毎日のように彼らに出会えるのは私にとってすばらしい特権で、そのために一年に何度も一万キロの距離を飛行して大西洋を渡った。というのも、ドイツの公式報告では、国内にオオカミはいないといわれていたからだ。人目を避けて暮らす野生オオカミがドイツで確認されたのは二〇〇〇年だが、目にすることがあるとは期待していなかった。

ドイツ国内を自由に移動するオオカミに初めて出会ったのは、それから一〇年後だった。

朗読会のためにライプツィヒに行き、翌早朝にＩＣＥ（高速鉄道）でフランクフルトに向かった。

同行者がカプチーノをテーブルに置き、私が新聞を手に取ろうとしたとき、窓外の野原に何やら茶色いものを発見した。長年にわたって自然の動物たちと過ごしていると、オオカミが頭のなかに抱く獲物または風景の視覚的特徴を思い起こす能力が発達するものだ。無意識に目の前の光景を見ていた私は、具体的なことはまだわからないながらも、何か変だと感じた。その感覚はふいに起きた。あれは何だろう？　キツネにしては脚が長すぎるし、長い尻尾があるからノロジカではない。列車を止めなければ……と思ったが、列車は猛スピードで走り続ける。私は窓ガラスに顔をくっつけるようにしてテーブルに身を乗り出したので、カプチーノが新聞にこぼれた。オオカミだ！　静かに立ち、森のへりにある何かをじっと見ている。だが、列車のスピードでその光景はかき消された。

ドイツで野生オオカミを目にしたのは、このときが最初でこれまでのところ最後でもある。

野生オオカミの観察には終わりというものがない。交尾にいあわせると、数カ月後にその産物の赤ちゃんが短い脚で丘の上を転げまわり、ママの〝ミルクバー〟のいちばんいい場所を争うようすが観察できる。おずおずと狩りに挑戦して初めて獲物をしとめたとき（やった、小さなネズミ！）いっしょに喜び、怪我をすれば苦痛を分かち、死を悲しむ。彼らが遊んだりじゃれ合ったりするのを見て笑い、求愛するようすを眺め、やがて輪が閉じてまた一から始まる。

私はみずから認める〝オオカミ依存症〟で、彼らのいる場所にいないと離脱症状を感じる。オオカミの棲息地にいるときは、けっして満足するほど得ることのない〝麻薬〟を探す。一生に一度か二度オオカミを目にすれば十分という人たちは多いが、私はそうではない。もっと見たい。だから次の機会を待っている。マイナス四〇度だろうと灼熱の太陽のもとでアブがうようよいようとかまわない。防寒用ソックスを履いて使い捨てカイロを手袋に入れるか、あるいは日焼け止めクリームと虫よけクリームを塗って出かけ、どんな天気であろうと何時間でも平気で耐え抜く。私が見逃したくないことを、オオカミたちがするだろうとわかっているから。何もしていないとすれば、次に何をするのかを知りたい。

一匹もいないときは、やってくるまで待つ。ついに彼らの姿が見えたら、これから特別なことが起きる、と感じる。

狩り、交尾、子育てといった彼らの生の営みにいあわせることができたのは、すごく幸運だったと思う。彼らの行動は人間のそれとよく似ていることがはっきりした。面倒見のいい家族、威厳があって公正なリーダー、同情心に篤いヘルパー、血気盛んなティーン、たわいのないおどけもの……。観察を通して、オオカミは優れた教師であることもわかった。そのいくつかは、私たちの生活に取り入れてもいいかもしれない。

オオカミの群れは私の一部となり、彼らの複雑な社会行動を長年にわたって研究したことで、私は変化した。道徳、責任、愛といった概念は、新しい意味を帯びた。オオカミは私の教師であり、霊感の源でもある。世界を別の目——つまり彼らの目で見ることを、日々私に教えてくれる。

家族の意味

託されたものたちの世話をすることが
大切なのはなぜ？

最良の性質は家族への愛に注がれる。
なぜなら、家族は私たちの安定性の尺度だから。
私たちの忠誠は家族によって決められる。
――ハニエル・ロング（アメリカの詩人・作家）

オオカミたちが身体をまるめて雪の上に寝ているところは、灰色の石が円形に並んでいるようにも見える。ときどき耳や前足がぴくぴく動く。ほっそりした雌が伸びをして、身体を横に向けた。下腹部のダークグレーの毛皮に沿って、シルバーの縞が走っている。ほかのオオカミたちは背中に濃いグレーの毛皮を持ち、胸のところにさび色の斑点がある。両親は数メートル先で背中をくっつけ合わせて休み、周囲に二歳および一歳の子どもたちが寝そべっている。親を追って歩き、きょうだいとじゃれ合ったために疲れ切っているようだ。

一歳児たちが真っ先に目を覚まし、たがいに肩や足で突き合ってから、まだ眠っているきょうだいたちに跳び乗った。次の数分間は羽目をはずしたティーンのグループにも見えたが、やがてぶるっと身を震わせて立ち、たがいに見つめ合う。一匹の一歳児が真っ先に駆け出した。まだうとうとしている大人の身体を跳び越えると、ほかの子どもたちがそれに続く。末っ子が足を取られ、滑ってパパの身体に突っ込むと、パパは弾けたように立ち上がってうなり声をたてた。末っ子は地面に背中をつけてまるくなり、クンクンと鳴き始めた。その顔をパパが舌でなでる。すると、いたずらっ子たちが戻ってきてリーダーに飛びつき、いっしょになって雪の上を転がっていく。家族のほかのメンバーもこれで目を覚ます。

若オオカミたちはリーダー夫婦に走り寄り、キスしたりなめたり噛んだりして、ひっきりなしに愛情を表現する。リーダーの身体を跳び越え、わざと突き当たって、一つの大きな毛玉となる。どこが一匹の始まりで、どこが終わりなのか、わからない。きょうだいたちはたがいの鼻を歯のあいだにはさみ、いっしょに転がり、触ったりなでたりしている。木の切り株の下部を這い、岩の上を跳びはね、道をふさぐ藪のなかをくぐり抜ける大きな毛玉。いたるところで目が光り、尻尾がくるくるとまわる。その絡み合いのまっただなかに跳び込むノリノリの子どもたちもいる。とにかくいっしょにじゃれ合うために。それは、純粋な生きる喜びの表現なのだ。

一匹が丘に登り、弟たちがそれに続く。彼らは顔を見合わせると、いっせいに縁から跳び降りた。雪の積もった斜面を転がりながら落ちていく彼らのあとに、雪が舞い上がる。丘の麓《ふもと》に着いたとき、雪オオカミさながらに真っ白になっていた。

やがて、グループ内の一匹が声を出し、ほかのメンバーがそこに加わった。ほぼ全員が立ち上がり、高低さまざまな声が響き始める。メロディアスに吠えるものもあれば、興奮して甲高い声を張り上げるものもある。二匹は寝そべったまま頭だけ起こしていっしょに吠えている。吠え声のコーラスは、クレッシェンドしながらしだいに高まり、壮大なフィナーレとなって弾けた。

最初の数匹が走り出す。まだ遊んでいる子どももいたが、やがて家族全員が動き始め、一列縦隊で峰を越えて進んでいく。

オオカミ家族ほど心温まる自然のシーンはほとんどあるまい。*映画などによくある、歯をむき出してうなる生物とは対照的に、野生オオカミの生活は愛情と遊び心に満ちた相互関係と調和を特徴とする。赤ちゃんは群れにとって大切な宝物で、愛され、かわいがられている。親はもちろんのこと、おじさんやおばさん、年上のきょうだいたちも、無私あるいは利他的と表現するほかないやりかたで扱う。高齢者や負傷者は、家族から食物をもらい、見捨てられることはない。群れに属するメンバーみんながそれぞれの位置をわきまえ、決定するのはだれかということを知っている。たえまない意思疎通や儀式を通して、たがいの愛情と敬意を常に確認し合う。家族の強い絆は、自然界で生き延びるチャンスを高めてくれる重要なプロテクターなのだ。

＊オオカミの群れは、両親と子どもたち（一年目と二年目）のほか、単独のおじさんやおばさんからなるのが一般的。生物学的な意味の家族といえる。よそものオオカミが近づいて、家族に受け入れられることもある。現代の野生オオカミ調査では、〝群れ〟と〝オオカミ家族〟は同義で用いられる。

オオカミの観察を通してたくさんのことを学べるという見地に立つ生物学者や心理学者は、オオカミの群れにおける社会システムに研究の重点を置いている。社会的行動への理解を深めるために、行動生物学者はオオカミの性質を二つの基本タイプに分類している。

タイプAは冒険的でたくましく、外向的性質を持つ。よく考えずがむしゃらに行動し、みずからの行動でコントロールできない新しい状況では圧倒され、うまくいかないことがあると、しばらく時間を要する。このようなオオカミ的（人間的ともいえる）性格を持つものは、押しの強いところはあっても、思いどおりにことが進めばたいてい陽気であり、そうでない場合は混乱して助けを求める。

それとぜんぜん違うのがタイプBで、基本的な態度は上品な抑制にある。彼らはとても内向的な性質を持ち、まずは何が起きるかを見守り、それからうまく順応する。

オオカミ家族は基本的にはこの二タイプが集まったもので、リーダー、つまり親オオカミはかならずといっていいほどタイプAとタイプBの組み合わせからなり、たがいに補完し合っている。といっても、雄がタイプAで雌がタイプBであるとは限らない。

こうした性質の違いは人間にもある。自分がどちらに属するか、考えたことはあるだろうか。外向的なタイプAなら、状況によってはあまり衝動的に行動せず自制することを身につける必要があるだろう。内気で引っ込み思案のタイプBの場合は、行動がのろすぎて、迅速に反応できないという問題がときどき生じる。「遅れて来る者は罰を受ける」をモットーに生きるといいかもしれない。

実際には、当然のことながらこの二タイプのさまざまなバリエーションやミックスタイプがある。私自身についていえば、タイプAの性質をほんの少し併せ持つ、タイプB穏健派といったところだろう。

私にとってこの認識は人間関係の理解にも役立ち、「この人はタイプA（またはB）だから、このような行動しかとれない」と考えるようになった。この分類法を批判する人々は、基本性質はいつ変化してもおかしくない、という見解に立っている。それでも、私自身の経験からいうと、いくら逆らっても最終的には本来の基本性質が表面化する。つまり、肌に合わない行動はしない。

個々のオオカミと同様に、それぞれの家族もグループ個性といえるものを持つ。あるグループでは独裁的なリーダーが、別のグループでは不機嫌なメンバーが全体を特徴づける、といったぐあいに。

自動車を気にせず悠々と道路を渡るドルイドの一歳児（タイプA）

構成メンバーの性格が反映するため、ドルイド・オオカミ*のように友好的な群れもあれば、モリー・オオカミのように厳格で恐れられている群れもある。

＊イエローストーンのオオカミの群れは、基本的には故郷の縄張りのある地域名で呼ばれる。ドルイド・オオカミは、ドルイド・ピーク（標高二九〇〇メートルのなだらかな山頂）の麓に棲む。例外としては、自然保護運動家アルド・レオポルドにちなんで名づけられたレオポルド・オオカミや、モリー・オオカミがある。モリー・オオカミは、オオカミ再導入に尽力し、再導入後にがんで死亡したモリー・ビーティーのパワーと強さからこの名をもらった。

イエローストーン国立公園のラマー・オオカミでは、両方のタイプがたくさん見られ、観光客や自動車の多い道路を渡るとき、その性質は明瞭だ。タイプAは自信を持ち、自立的に躊躇なく、まっすぐにわが道を進む。人間の存在を気に留めないことも多い。タイプBはどうかというと、差し迫った必要がない限り道路を渡ろうとしない。

二〇一一年五月のできごとを、私はいまも覚えている。用心深いタイプBの成人オオカミが道路を渡ろうとしたのだが、多数の旅行客がいたので思い切れない。暗くなるまで待つことにしたらしく隠れ場所を探したところ、コヨーテの巣穴に行き当たった。親コヨーテが突進して襲いかかってきたため、すぐに困惑して二本脚生物のあいだに入り込んだのだが、小柄な同種族の動物はけたたましく叫びながら追ってくる。尻に噛みつかれたオオカミは道路に逃げ、人間の群れのなかを通って進んだ。こちらのほうが軽い災いだったのだろう。

二〇一二年、アメリカはオオカミを種の保存リストから除外したので、イエローストーン国立公園隣接地域においても狩猟が行なわれるようになった。国立公園内では保護されているが、オオカミたちは境界線を守るわけではないので、公園の外に出れば猟銃の標的となってしまう。こうした状況では、先に述べた臆病なタイプBのほうが生存のチャンスがあるように思う。勇敢なタイプは世界を支配するかもしれないが、引っ込み思案の静かなタイプが生き延びる。

哺乳類における力構造は、家族内の秩序によってすでに示されている。両親が子どもたちのことを決め、年長の子どもたちが弟や妹のことを決める。つまり、オオカミのヒエラルキーは、争いや政治によって勝ち取るとか、飼い犬のようにだれがソファに座る権利を持つかといったことで決まるわけではない。決定権を持つのは親で、そのことを証明する必要はない。彼らは全員にとってベストとなることを願っているから、経験に基づいてグループの安全と幸福について決定する。

オオカミにとって、家族はすべての中心なのだ。家族は基礎であり、安全および安定性であり、生存目標のすべてでもある。家族のためなら、彼らは命を犠牲にすることもいとわない。

二〇一三年四月、雌のラマー・オオカミが出産した洞穴のようすを観察するために、数名のウォッチャー仲間とともにラマー・ヴァレーにある丘に立っていた。雌オオカミが出産したのは五日前。ふと気がつくと、一六匹からなるモリー・オオカミの群れが洞穴のある森のなかを移動していく。最悪の事態が起こりかねない状況だ。そのとき、一七匹が森から出てきた。先頭を行くのはラマー・オオカミの雌リーダーで、群れからやや距離がある。命をかけて走っているのだ。四匹の子を出産したばかりで、体力が落ちているのだろう。モリー・オオカミとの距離はあっという間に縮まっていく。息を止めて見守るなか、雌オオカミは切り立った崖に駆け寄った。いまや足を止め、追跡者と対峙するときが来た。簡単に自分を殺せる相手。母親がいなければ、生まれたばかりの赤ちゃんも死ぬことになる。洞穴のなかでモリー・オオカミに殺されるか、餓死するか。

しかし、雌オオカミの生存意志を過小評価していたようだ。雌オオカミは多数の観光客が立つ道路へと駆け寄り、道路を横断した。人間に慣れている彼女はそこで立ち止まり、近寄れずにいるモリー・オオカミの群れを振り返った。

雌リーダーはすでに安全だとしても、家族はまだ危機に瀕している。彼女と子どもたちのあいだには攻撃者がいて、踵を返して洞穴に戻れば子どもたちは殺される。

そのときだ。ラマー・オオカミ雌リーダーの二歳の娘が、モリー・オオカミの群れの間近に現れた。すぐさまモリーが襲いかかる。赤ちゃんのいる洞穴から遠ざかり、東に向かって走るラマーの娘のすぐあとをモリーが追っていく。群れのなかで最も俊足の若い雌は、縄張り内の岩や茂みを知りつくしている。いくらもしないうちに彼女はモリーを撒いた。

モリー・オオカミの群れは困惑したようすで何度か行ったり来たりしてから、自分たちの縄張りに帰っていった。その年、彼らがラマー・オオカミの洞穴付近に現れることはもはやなかった。雌リーダーは、攻撃者がいなくなるとすぐに赤ちゃんのところに戻り、数週間後には彼らが元気に走りまわるようすが見られた。

家族とは、すべてを変えるもの。家族のためなら何かを犠牲にする用意がある。

人間の社会において家族はもはや過去のもの、と何度となくいわれているが、じつはいまもなお存続している。家族の概念にあてはまるのは古典的な婚姻とは限らず、パッチワーク家族やひとり親家庭、同性のパートナーなども含まれる。

〝外〟の世界があわただしく複雑になればなるほど、いっそう家庭を求め、社会、誠実さ、信頼、忠誠といった伝統的な価値を望むようになる。現実生活の厳しい要求に直面して、境界線の決められた確実な世界へと逃げ込む。伝統的な人生モデルを持つ秩序に反抗した一九六八年の荒々しい士気は、五〇年代のものに場所を譲った。人々はユニットたんすや区画分けされた家庭菜園に満足し始め、プチブルと思われることにまったく抵抗を感じなくなっている。

オオカミはきらめくプチブルといえる。私たちが憧れる価値を生き、数限りない儀式によってたがいに確実性と信頼を伝えている。

儀式はオオカミの生活の重要な要素で、彼らの関係を強めるはたらきがある。本章の冒頭で描写した目覚めの儀式のほか、狩りから戻ったリーダーたちの挨拶、遠吠えのコーラスなどがある。

家庭内儀式は、オオカミと同じく人間にとっても欠かせない。親近感、社会性、方向性を伝え、連帯を強めてくれる。儀式が日常生活にとってどれほど大切かということがわかるのは、儀式が欠如したときではないだろうか。

日曜日に教会に行き、家族でランチをとってから祖父母を訪ねる……といった昔の儀式は、現在の家庭ではほとんど見られない。家族そろって食事する機会が一日に一度あるだけでも価値が高い。

私の場合、超多忙な日々であっても、家族や友人のために週一日は休みをとるようにしている。共通の体験は結束感を促し、個人のアイデンティティを深めるとともに、見捨てられることはないという原信頼も強化される。そのさい、家族の儀式を一貫して実行することが重要だ。毎日の生活が構造化されるので、子どもたちはたいてい儀式を歓迎する。たとえば家族いっしょの食事は、親子間コミュニケーションを深める機会でもある。

オオカミの子どもたちも、生活していくことを学ばなければならない。彼らは、親が示す模範をよく見てまねする。ほぼ全員が特権的自由を持つとはいえ、赤ちゃんたちにはときどきはっきりと線引きする必要がある。

初夏のある日、イエローストーン国立公園のラマー・ヴァレーを移動中のオオカミ家族を観察した。一匹の子どもが遅れがちに群れのあとをついて進んでいる。群れのなかにいるよりもおもしろいことが発見できるので、あちこちに鼻を突っ込んでいるのだ。家族は何度か、彼が追いつくのを待っていたが、やがてそれをやめ、のろまの子どもにかまわず先に進んだ。群れを見失ったことに気がつくと、子オオカミはパニックに陥り、声を限りに吠え続けた。それまではいつも効果があったのに、今回は何も起こらない。日暮れになってようやく家族といっしょになると、子オオカミは見るからにほっとしたようすだった。それは彼にとって教訓となり、その後は群れとともに行動するようになった。

オオカミの子どもたちは、このようにしつけられる。これをしてはいけない、と言われることはない。自分でいろいろ経験して、行為にはかならず結果が伴うことを学ぶ。親オオカミは、柔和さと自由制限、社交性と限界のほどよいバランスを子どもたちに伝える。

ただし、オオカミの教育法が多数の人間の親と違う点が一つある。オオカミの親は、外に対しては一致した行動をとることだ。「パパが許してくれないなら、ママのところに行けばいい」という態度で両親を対立させて得をするチャンスは、子オオカミにはない。教育問題に関しては、おじさん、おばさんを含む家族全員が一致して行動する。そのため、赤ちゃんオオカミにいらいらさせられた一歳の子オオカミが言い聞かせているのを見かけても、大人が口を出すことはない。

人間と同じく、オオカミの子どもたちも方向を示してくれる親を必要とする。正しく判断するための手本となり、場合によっては線引きしてくれる親を。

オオカミの子育てでは、家族全員が子どもたちの世話をする。赤ちゃんが巣穴で母乳をもらうあいだは、父と年長の子どもたちが母に食物を運んでくる。その後は、家族全員が一度のみ込んで前消化した肉を吐き出して赤ちゃんに与える。

オオカミの父親はじつに子煩悩で、ドルイドのたくましいリーダーも熱心な父だ。愛情をこめて子どもたちの世話をするばかりか、娘がよその雄とのワンナイトラブで身ごもれば、孫も養子にしてかわいがる。リーダーのお気に入りの行為といえば、子どもたちとじゃれ合い格闘すること。負けたふりをするのがいちばんの楽しみらしく、子どもたちは飛びかかって父の毛皮に嚙みつく。父親は仰向けに寝転がり、子どもたちは尻尾を振りながら誇らしげにその上に乗っかる。

ふりをする能力——ここでは負けたふりをする能力——があるということは、自分の行為がほかの個体に看取されていると理解していることを示している。これは知性のあらわれで、子どもたちも父の〝降伏〟はゲームにすぎないことを知っている。このようにして、自分よりはるかに大きなものを打ち負かすのはどんな気持ちか、ということを経験する。狩猟動物であるオオカミには、この種の自信は日常生活に欠かせない。

オオカミの親も完璧なわけでなく、気難しいときもある。怒りや欲求不満、激怒やいら立ちをあらわすこともあるし、喜びや愛情、情熱や陽気さを見せることもある。彼らの気分がしじゅう変化するのは、私たち人間が早朝に不機嫌なことがあるのと変わらない。親オオカミがいらいらした態度をとる状況がたまにあっても、ほかの家族メンバーとの信頼関係が揺らぐことはない。

オオカミ家族では、一歳児たちも愛情をこめて弟妹の面倒をみる。彼らの役割はかけがえのないものので、家族の生存に役立つ。赤ちゃんが生き延びられなかった場合、翌年には子育てのヘルパーである一歳児が欠けることになる。

ある年の春、雪解け水で川が激流となったとき、私はきょうだい愛の特別な瞬間を体験した。それは、オオカミ家族が洞穴から狩猟区、つまりランデヴー地区へと移動する時季にあたる。そのためにいくつもの川を渡らなければならない。大人がまず泳いで子どもたちにやりかたを示し、向こう岸からさかんに吠えて、ついてくるよう励ます。一匹の子オオカミが、思い切れずにクンクンと鳴きながら川岸をうろうろしているのが見えた。前足を水に入れては、怖気づいて向きを変える。しばらくすると、向こう岸にいた年長の雌が再び川に飛び込み、弟のところに戻ってきた。姉は川岸に転がっていた棒切れをさっとくわえ、引っ張りっこを始めて弟の気持ちをそらしてから、棒切れで水のなかに誘導し、川を渡るのを助けた。

オオカミ家族においては、すべてのメンバーがグループにとって重要で、それぞれの役割を持っている。それがどこであるかを決めるのは、親でもリーダーでもない。オオカミの子どもたちは自分の強みを早いうちに知り、必要とあれば率先して力を発揮する。俊足のオオカミは狩りに欠かせないし、

「まだあるかも……」。大人の口のなかを探る

高く積もった雪の上を走るときはたくましいオオカミが先頭に立ってシュプール（足跡）をつける。また、強い忍耐力を持つオオカミは、ベビーシッターとして優れている。

私たち人間も、人によって違う能力を持ち、職場や家庭で発揮することができる。強い忍耐力を持つ人はいい聞き手になれるし、衝動的な人は新しいアイディアを促進する。もめごとを解決して平和をもたらすのが得意な人たちもいる。オオカミの群れにも、平和な状態を取り戻す能力を持つものがかならずいて、吠えたりうなったりして対立するものたちのあいだに立ち、少しも動じることなく平然として待つ――心の強みを意識しながら。

やがて波がおさまって全員が落ち着きを取り戻したら、みんなそろって日々の営みを再開する。

オオカミたちの家庭生活を観察するたびに、私たち二本脚生物の場合は何もかも複雑に見えるのはなぜだろう、と疑問に思った。オオカミほどに家族が中心ではないからなのか。

いいや、そうではない。それどころか、家族の絆はこれまでになく強く、親子関係もずっとよくなっている。二〇一五年に行なわれたシェル若者動向調査の結果がそのことを示している。九〇パーセント弱の若者が両親との関係は良好であると答え、自分が育てられたのと同じ方法で子どもを育てたい、と四分の三弱が願っている。つまり、しあわせに生きるためには家族が必要だと考えている。学校、高等教育、就職して最初の数年間における要求が高まりつつある時代に、大部分の若者は感情的サポートや後ろ盾は両親のもとにあると感じている。だが、家族が中心であってほしいと望んでも、人間の場合はオオカミと違って希望的観測と日々の現実のギャップが大きい。

オオカミの群れでは、メンバー全員が経験豊かなリーダーに従い、リーダーは親として責任ある行動の手本を示し、家族にとって最良の決定をくだす。もちろん各メンバーには、自分の道を進んだりリーダーの決定に反対したりする可能性がある。個々のオオカミはそうした自由を持つが、それでも経験豊富なリーダーは最高の敬意に浴している。

オオカミ家族が機能するのは、無条件の堅い結束とたがいの世話があるからだ。高齢者や負傷者は群れの仲間に殺されるという記述がたまにあるが、それは囲い地オオカミなど不自然な状況で起こりうることで、野性の現実には当てはまらない。狩猟やライバルとの戦いでオオカミが負傷する状況に何度も出会ったが、家族のメンバーがたえず面倒をみる。狩猟に出るときは、だれかが負傷者のそばに残り、戻るときは食物を運んでくる。ほかのオオカミが前消化した餌を吐き出して高齢者に与えるところを見たこともある。ふつうは赤ちゃんオオカミにしかしないことなのに。このように病気または高齢のオオカミは、ぐあいがよくなるまで養われる。

仲間の世話をすること――これは人間とオオカミに共通する性質といえる。類人猿でも、大人の雄が面倒をみるのは子どもが小さいうちに限られる。雌か雄かを問わず、年間を通して食料を運び、家族のだれかが病気になれば世話をするのは、人間とオオカミだけが持つ性質だ。

外見からいえばチンパンジーはオオカミより人間に近いかもしれないが、霊長類の雄は、赤ちゃんへの給餌や年寄りの世話といったことをしない。オオカミのほうが人間とよく理解し合える。ずっと昔、人類がサルではなくオオカミとともに生活することにした理由の一つはそこにある。オオカミや犬と人間――こうして出会ったのも不思議ではない。私たちはおたがいのために存在するのだから。

だれが家族に属するかということは、出生や社会的条件によって決まる。たとえば、ずばぬけてたくさんのメンバーが血縁関係にある群れでは、外部者は受け入れられやすい。オオカミは近親交配を好まず、遺伝子の多様性は保たれる。

よそものオオカミが家族のメンバーとなるようすを、二〇〇三年冬のある晴れた日にイエローストーン国立公園のラマー・ヴァレーで観察した。種の多様性から〝アメリカのセレンゲティ〟とも呼ばれるこの区域では、冬になるとシカやバイソンの大きな群れが集まる。捕食動物にとって楽園のような場所だ。

七匹のメンバーからなるドルイド・オオカミの群れがラマー・ヴァレーの主導権を得た。リーダーであるナンバー21*は、映画スターさながらの外貌を持つ。初めて彼を見たとき、たくましい体格に驚いた。幅のある胸郭、頑丈な脚、ダークグレーの毛皮、額から鼻に走る黒い筋、異常に短くふさふさした尻尾。一目見たら忘れられない容貌で、彼が姿を現わすとオオカミ世界は息をのむ。生来の威厳がそなわっているのだ。パートナーの雌オオカミは、老夫婦によくあるように夫とよく似ている。彼女のほうが華奢で肩の色は明るいが、顔には同じ模様がある。ドルイド・オオカミがこの区域の主導者であることは明白で、定期的に辺縁をパトロールしている。ある日、一匹のよそものオオカミが群れに接近した。

＊イエローストーンのオオカミは、名前の代わりに番号をもらい、首輪型の電波発信機につけられる。

その日は、アメリカ最大のスポーツイベント、スーパーボウルが開催される二月の第一日曜日で、フットボール・ファンはテレビの前を離れない。そのため、公園内はいつもと違って無人に近い状態だった。私にとってオオカミの一年のハイライトといえる交尾期にすでに入っている。前夜に五〇センチほど雪が積もったので、シルバーゲートにあるログハウスから公園入口までの道路が除雪されるのを待たなければならない。サンドイッチをつくり、保温ボトルに熱いコーヒーを入れてリュックサックに詰めると、ラマー・ヴァレーに向かった。ゆっくりと車を走らせ、側路駐車帯があれば駐車し、望遠鏡でオオカミを探す。たいていの場合、長く待つことはない。ラマー・ヴァレーのヒーローたちが活動する舞台は、燦々《さんさん》と照りつける陽光下でマイナス二四度の寒さ。ソーダ・ビュート川からほど遠からぬ間欠泉跡付近に、数個の黒い点が動いているのが見えた。ドルイド・オオカミだ。腹が満ちてたっぷり眠ったあとらしく、生きる喜びにあふれている。谷の北側斜面でしばらくはしゃぎまわってから、彼らは山の背に横たわった。

そのとき、予期に反してシーンが変化した。一匹のオオカミが谷に出現し、群れに向かってまっすぐに進んでいる。群れのメンバーは全七匹なので、接近中の冒険好きはよそものでしかありえない。方向を変えてほしい……と、心のなかで願う。なぜなら、ここはほかの群れの縄張りという危険な区域だから。

まもなくドルイド・オオカミのほうもよそものに気がついた。身体を寄せ合うように横たわったまま頭を上げて耳をとがらせ、ずうずうしい新参者に注意を集中している。リーダー夫婦は身をこわばらせて立ち上がり、よそものを見下ろす。よそものは、あいかわらず無頓着に敵の陣地に向かっている。ドルイド・オオカミの群れに気がついていないのか、それともわざと厚かましくふるまっているのか、判断できない。

おもしろいことになった。私は車からフィールドスコープを取り出して設置した。強力な望遠鏡は、オオカミの個体識別を助けてくれる欠かせない道具だ。

侵入者は堂々とした魅力的なオオカミで、つやつやした真っ黒な毛皮と金色の目を持っている。この姿を目にすれば、雌オオカミはみな不安をおぼえるだろう。

事実、ドルイドの群れにかすかな動きがあった。ぴんと立つ尻尾の一つがぴくっと動き、ゆっくりと揺れ始めた。よそものの美しい外貌に気がついたのは、私だけではなかったらしい。

彼は歩調を落とし、しゃちこばった慎重な足取りで進んでいる。勇気は理性に取って代わったらしいが、それでもこっそりと前進を続け、ドルイド・オオカミがいまや立ち上がって並んでいる山の麓に達しようとしている。

しかし、まだ諦めるつもりはないらしく、群れのほうに進んでいく。彼の視線は、一匹の雌オオカミに向けられている。さっきまで尻尾の先を揺らしていた彼女は大胆になり、尻尾全体を振り始めた。二匹のあいだにキューピッドの矢が飛び交うのが、文字通り見える気がした。私は寒さを忘れ、息をひそめて太古からある自然のシーンを目で追い続けた。

茶色の毛皮を持つ雌オオカミはいっそう小生意気になり、立ち上がって山の背から求愛者を見下ろしている。バルコニーからロメオを見つめるジュリエットさながらに。それは、娘の父親にもやりすぎに思われたのだろう。実際の背丈よりさらに高く身を伸ばしてから、侵入者に向かって突進した。さっとつかみかかり軽く嚙みつくと、私がカサノヴァと名づけた大胆不敵な黒オオカミは逃げ出した……が、数メートル先で足を止め、尻尾をちょっぴり脚のあいだに入れてリーダーの〝ご機嫌〟をとる。やがて彼が雪の上に寝そべると、ドルイドのリーダーは見晴らしのいい山の背に戻っていった。

ドルイドの雌にモテモテのカサノヴァ

一方のジュリエット——茶色の雌オオカミは、腹這いでいくらか下に移動し、みずから黒オオカミに接近する。黒オオカミは跳ね起きて尻尾を激しく振り、跳ねまわって彼女を誘い、いっぱいの魅力を送る。ジュリエットは長く考えることなく誘いに応じた。二匹は並んで駆け、空中でわざとぶつかり合い、一体になったような観がある。

娘の両親も新参者の魅力にしてやられたのだろうか——いちおう何度か追い払うしぐさをしただけだった。

カサノヴァは、ドルイド・オオカミの娘を群れから引き離そうと慎重に試みたが、一定の距離を超えると征服への望みより家族との絆のほうが強くなる。若い雌オオカミの心は潜在的新パートナーと家族とのあいだで葛藤し、群れが立ち上がって動き出したとき、途方に暮れているのが見て取れた。プレイボーイと家族のあいだを何度か行ったり来たりしていたが、結局は安全な群れのほうを選び、両親のもとにとどまることにした。

雌オオカミをかっさらうことに失敗したカサノヴァは戦略を変え、おずおずと接近して社会的服従の意を示し、群れに入れてほしいと娘の父親に頼んだ。それから用心深く群れのしんがりを歩き出したものの、父親が目を離すたびに尊大な姿勢でジュリエットと戯れ始める。リーダーが駆け寄ってくると、彼は尻尾を両脚のあいだにはさんで仰向けに転がり、リーダーが立場を表明するのを待つ。リーダーの妻は、いっさいかかわらずにこれらのできごとを目で追い、娘のほうはどうかというと、火遊びの合間に母親のところに戻り、口の端をなめてなだめようとするのだった。

カサノヴァの戦略はどうやら功を奏したらしく、その日の終わりにドルイド・オオカミの群れが峠の向こうに消えたとき、彼は群れの真ん中にいた。

よそものが未知の家族に受け入れられるようすを、私はこのように観察した。ライバルを追い払うための戦いはなく、群れのリーダーは侵入者を何度か打ちのめし、ほんの少し追い払っただけでおのれの立場を明らかにした。とことん戦い抜けば、まやかしの勝利に見合わない力とエネルギーを消耗することを、オオカミは熟知している。

よそものを家族の一員として受け入れるのは、リーダーにとって問題のないことだった。グループ内の友好的かつ調和的な基本的雰囲気は、諍《いさか》いよりもはるかに連帯感にプラスになるから。

カサノヴァは、巧みな行動によって社会的知性を持つことを証明した。彼は、雌のパートナーを探して別の群れの縄張りに入った。群れが彼をライバルとみなして激怒し、殺すかもしれない危険に身を置いた。惹かれる気持ちと恐怖のあいだで適切な反応をしている。リーダーが駆け寄れば、尻尾を引っ込めて少し後退し、おのれに危険はないことを知らせる。その後は、リーダーが近寄ると仰向けに転がり、くちびるをなめて恭順を示した。別の行動をとっていれば、生き延びられなかったかもしれない。

オオカミの群れはどのように形成されるのか？　まずは人間と同じく古典的な方法――少年が少女に出会い、子どもが生まれて家族ができる。オオカミの場合、すでに見たようにありとあらゆる可能性がある。捕食動物が社会的グループを形成するかどうかは、個体の性質や偶然の出会いに左右される。二匹ないし三匹の兄弟が家族を離れ、ほかの群れの同数の姉妹とともに新しい群れを形成することもある。数年後には分散して、数匹が独自の家族をつくったりする。人間と変わらず、ルールに従うもの、ルールを破るもの、独自の家族モデルを実現するものなど、個々のオオカミによって違う。

イエローストーン国立公園の有名なオオカミ・グループのなかには数世代にわたって存続している成功例がいくつもある。その秘訣は何か？

グループが機能するためには、メンバー全員が協力し合い、自信に満ちたリーダーに率いられる必要がある。これはオオカミの群れにもいえるし、人間の大家族や王朝にも当てはまる。成功しているグループでは、社会の利害が個人のそれに優先され、そのことが長期的存続につながる。

オオカミ家族の成功には三つの柱がある。第一に、重要な問題に集中すること。これは、メンバー全員が家族の繁栄のために協力することを意味する。第二に、常に意思を伝え合い、共通の儀式を行なうこと。第三に、強いリーダーを持つこと。

オオカミの原則による
リーダーシップ
みずからリーダーになる必要はない

人生で最も必要なのは、
われわれにできることをするよう導いてくれる人だ。
――ラルフ・ワルド・エマーソン（アメリカの思想家・哲学者・作家）

早朝に一二匹のオオカミが谷を移動していく。先頭を進むのはアルファタイプのオオカミで、残りのメンバーがそれに続き、尻尾を下に向けたオメガタイプが最後部を行く。オメガタイプは距離を保ち、それより前に出ることはない。アルファタイプに噛みつかれ、地位が低いんだからと追い返されてしまうから。

何か変なのでは？ そう、これは私のつくり話で、このイメージは完全に間違っている。実際にこの朝ラマー・ヴァレーで見た光景は次のとおり。

一二匹のオオカミが谷を移動している。先頭は一歳または二歳のたくましい雄で、高く積もった雪をかいて道をつくる。そのおかげでリーダー夫婦は貴重なエネルギーを節約できる。若い雌オオカミ数匹が後方をついて歩くようすは、お買い物ツアーとでもいったところか。少し離れてしんがりを行くのは最年少の子どもたち。おもしろそうなものがあれば鼻を突っ込んだりカラスをけしかけたりしながら、のろのろと歩いている。

ふいに全員いっせいに足を止め、同じ方向に目を向けた。彼らの視線を追ったが、私には何も見えない。潜在的な危険を発見したのだろう。最後部にいた子どもは、すでに足を止めていたお兄さんにどしんとぶつかり、事のしだいをのみ込んだ。明白な緊張が漂っている。最前部にいたオオカミたちは脇によけ、リーダーを探す。リーダー夫婦はグループの先頭に立ち、ためらうことなく進み始めた。ほかのメンバーは一列になってそのあとに続く。最年少の子どもたちも、もはや気を散らすことなく用心深くついていく。

それは、模範的な統率のありかたを示してくれるものだった。支配的なところはなく、仕事をなまけるわけでも攻撃的になるわけでもない。静かな権威で責任を引き受けること。

それでは、オオカミの群れというと、私がつくった最初のシーンをまず思い浮かべるのはなぜか？

人間の世界では「アルファ原則によるリーダーシップ」がトレンドになっている。週末セミナーの受講者は、「オオカミ的リーダーシップ」を学ぶために高額の受講料を支払う。セミナーではオオカミの囲い地に身を置き、アルファタイプが群れを支配するようすを観察する。じつのところ、野生オオカミが統率のしかたを身につけるのに一生を要するなんて、不条理で滑稽なことだ。それなら、いい母親または優れた社長になるコツを週末セミナーで習得できるとでもいうのだろうか。

オオカミの囲い地でリーダーシップを学ぼうなんて、発想からして間違っている。優れたリーダーシップを身につけたいなら、自然のなかの野生オオカミを観察するべきだろう。家族のリーダーとなるのは、いちばん身体の大きなオオカミや最強のオオカミ、最も勇敢なオオカミというわけではない。リーダーシップはむしろ個性的なものといえる。オオカミ家族においては、特定の能力を持つメンバーが、状況に応じて一時的に群れをリードすることもある。故郷の縄張りでは、子ども世代の場合もあるが、リーダーにとって問題とはならない。

オオカミ家族のリーダーシップでは、経験が重要な意味を持つ。特定の状況において、あるメンバーが自分の経験と説得力をもとに決定をくだした場合、グループ全体がそれを受け入れる。つまり、リーダーシップとは、それを実行する個人と同じく個性的なものといえる。たとえば、危険な状況にあってだれかが決定をくだす必要があるとき、経験から賢明なやりかたを知っているリーダーがそれを果たす。

　メンバーから真剣に受け止められるために、リーダーは原則として強い精神性と社会的知性を必要とする。高位にあるものは、家庭内に友好的雰囲気と調和を保とうと常に努力する。それらは、家族の絆と共同体意識を促進してくれるものだ。ベテランのリーダーは生来の威厳を放散しているので、ことあるごとにおのれの優位を示威する必要はない。

　そのため、リーダーの地位と攻撃性とは関係がない。たえず威張ったり挑発したりするリーダーは、権力の喪失を恐れているためであり、リーダーにふさわしい人格ではない。オオカミは生来の威厳により——たとえば視線やうなり声、道をふさぐといった方法で相手を制止することができる。

　余談になるが、調査によると、リーダーはオオカミの群れのなかで最もストレスを被っているという。彼らの糞に、長期的ストレスのさい分泌されるホルモン、糖質コルチコイドが含まれているのだ。進化論的観点からいえば、責任ある地位は長期にわたる社会的ストレスを伴い、さまざまな身体部分に影響を与える。つまり、免疫機能や生殖機能を弱め、寿命を縮めかねない。そのため優れたリーダー・オオカミにとって、ストレスのない調和のとれた雰囲気を維持することは自身の利益につながる。明確なガイドラインを与える、はっきり線引きする、儀式を実行する、具体的な行動枠を示す、といったことが役に立つだろう。

　もう一つ大事なのは、リーダーシップは女性的であること。オオカミ家族に男女比を指定する必要はない。重要な決定があれば、リーダー夫婦は基本的にいっしょに決めるし、疑問が生じた場合、オオカミ家族は（雄リーダーも含めて）リーダーの妻の意見をあおぐ。雄オオカミにとって問題はない。

雌リーダーは、数世代に受け継がれたリーダー家系の出身であることが多い。リーダー夫婦の娘が次世代のリーダーとなる場合、両親からノウハウを学ぶ。

リーダー夫婦はたいてい生涯を通してともに暮らし、リーダーが死ねば、次に経験の豊富な雄がそれに代わる。すでに洞察力に満ちた決定を何度もくだし、社会的能力があることを家族は納得している。囲い地オオカミと違って、リーダーの地位をめぐる家族内の真剣な争いが起きることは、野生オオカミではほとんどない。私は二〇年以上にわたって野外調査を行なってきたが、リーダーシップをめぐる戦いで死者が出たのは二件にすぎない。そのうち一件は、極端に支配的な雌リーダーが群れの仲間に殺されたため、たいへんな騒ぎとなった。ドルイド・オオカミの雌リーダーは家族を冷酷に統治し、母親と一匹の妹を群れから追い払ったばかりか、もう一匹のおとなしい妹に対して荒々しい態度をとり、その子どもたちを殺した。この妹を、私はシンデレラと名づけた。

雌リーダーのふるまいは家族内の雰囲気に悪影響を与え、時とともに悪化の一途をたどった。翌年、支配的な姉はシンデレラの洞穴を訪れた……再び妹の赤ちゃんを殺すつもりだったのかもしれない。だが、そこで彼女を待ち受けていたのは、全グループによる熾烈《しれつ》な暴力的抵抗だった。雌リーダーは殺され、シンデレラの生後六週間の赤ちゃんは生き延びた。シンデレラがドルイドのリーダーとなったとき、驚くべきことが起きた。新しい雌リーダーは、殺された姉の赤ちゃん七匹と、別の雌オオカミの子どもたちを養子にしたのだ。こうしてドルイドの群れは二一匹の子どもたちを持ち、総数二九匹に拡大した。家族全員を苦しめた雌リーダーの子どもたちに、みんな特別な思いやりを示した。雌リーダーを失うのはオオカミにとってふつうはつらいことだが、このケースでは反対の効果をもたらし、それまで非情さによってまとめられていた群れを一体化した。

オオカミたちが家族のなかで調和を求める気持ちは強い。リーダーの基本方針は家族を一つにまとめ、ばらばらにならないようにすることだが、トップ政治家たちにも見習ってほしいと思う。オオカミは独裁者を嫌う。専制的雌リーダーに支配された状況は、ドルイドにとって耐えがたいものだったはずだ。いじめられ、抑圧され続けたシンデレラは、一夜にして寛大な雌リーダーに昇格した。新しいリーダー夫婦は、死を迎えるまでの数年間をなごやかに過ごした。

群れを統率し、決定をくだすリーダーを昔は「アルファ雄オオカミ」「アルファ雌オオカミ」と呼んだが、この表現はもはやすたれ、野外調査で使われることはない。現在は「リーダー」または単に「両親」と呼ぶ。アルファの概念は、囲い地オオカミの研究に由来する。「α（アルファ）」はギリシャ語アルファベットの最初の文字で、「最初」または「ナンバーワン」を意味する。「β（ベータ）」は二番目、「Ω（オメガ）」は最後の文字だ。

現在行なわれているような広範囲にわたる野生オオカミの観察は、以前は不可能だった。当時の研究家は、オオカミの群れは大型動物をしとめるために冬季に偶然に集まった集合体だと考えていた。

オオカミの習性を理解し、観察できるようにするため、いくつかの動物園から数匹のオオカミを取り寄せて一つの囲い地に入れた。

きわめて社会的な動物をこのように意図的かつ人為的に、限られた場所にいっしょにすれば、競争が始まり、やがて支配ヒエラルキーに発展することは避けられまい。ニワトリに見られる典型的なつつき順番がこれだ。科学者の多くはこの術語を使い、「アルファオオカミ」という誤った情報を広めた。それらが訂正され、オオカミについての新しい理解が普及するのに、さらに二〇年を要した。

こうして術語が訂正されると、オオカミの社会的行動についての思考に重要な変化が生じた。囲い地オオカミは(野生オオカミとは)異なる性質を持ち、どちらかというと〝オオカミらしくない〟行動をとることは、現在では知られている。彼らの生活は刑務所の囚人のそれと似ている。不愉快な状況では、相性がぜんぜん合わなくても、なんとかしていっしょに暮らさなければならない。彼らの社会的行動は、野生オオカミ家族のそれと似ても似つかないものだ。場所を移すこともできず、気に入った相手といっしょになることも、狩りもできない。こうしたことがグループにとって何を意味するかは明らかだろう。それは典型的な(刑務所)ヒエラルキーで、上に立つアルファが他を支配・抑制し、最下位のオメガが暴力を受け、重傷を負わされることもまれではない。

けれども、オオカミの囲い地すべてをこきおろすつもりはない。賢明な社会構造をとり、出産をコントロールし、人工飼育を行なっている少数のケースもある。身を隠すのに十分な場所や溝、泳ぐための水場があることはいうまでもあるまい。ところが、ほかの動物たちといっしょにされ、隠れ場所がなくておびえ切っているオメガオオカミを、私は多数の動物園で目撃した。オオカミが負傷していることを管理者に指摘すると、自然界はこうなんだから、という答えが返ってきた。世話をすべき動物たちの行動をこれほどまでに知らないとは、犯罪にも等しい。たしかに囲い地では、オオカミのボディランゲージについてはすばらしい研究ができるかもしれないが、社会的行動についての研究ではない。

リーダー・オオカミにまつわる神話はいくらでもある。たとえば「アルファはすべてを決定し、コントロールする。狩りをリードし、獲物を真っ先に口にする。交尾するのはアルファだけ」……こうした神話はすべて、野外調査によって否定された。

「アルファだけが交尾を許されている」という典型的なものを取り上げてみよう。イエローストーン国立公園に棲むオオカミの四分の一はほかのパートナーと交尾し、その結果として一家族内の多数の雌オオカミが赤ちゃんを産み、その一部は家族みんなで育てる。場所と獲物が十分にあれば、繁殖を妨げるものはない。このようにして、たとえ雌リーダーに何かがあってもオオカミ家族が子孫を残すよう、進化のしくみがはたらいている。

交尾期である二月のある日、グループ内の多数の雌がさまざまな雄と交尾するのを観察した。たまたま通りかかっただけのラッキーな雄もいたほどだった。翌春には、四匹の雌が四つの洞穴で出産して家族は拡大した。のちに狩りに出るときには、赤ちゃん全員を一つの洞穴に集め、ベビーシッターを置いた。これにより〝人員〟は大幅に節減されて、狩りに動員できる頭数が増えたのだ。

　イエローストーン国立公園において完璧なリーダーがいるとすれば、前章ですでに紹介したドルイド・リーダー・ナンバー21だ。彼は恐れ知らずに家族を守る。攻撃してくるオオカミ六匹を相手に戦い、勝利したのを見たこともある。生物学者リック・マッキンタイヤーは、プロボクサーのモハメド・アリやバスケットボール選手のマイケル・ジョーダンに比較することが多い。つまり、あらゆる基準を超える能力を持つ、比類のない天才ということだ。オオカミの〝基準〟は、人間の標準とはわけが違う。オオカミはみんなプロのアスリートなのだから。

　スーパー・オオカミであるナンバー21の両親はカナダの生まれで、一九九五年にイエローストーンに移入された。七〇年間オオカミのいなかった公園内で最初に生まれた赤ちゃんの一匹が彼だった。時を同じくして、ほんの数キロ離れた場所で父親は密猟者に殺された。そこで生物学者らは、ひとり親の母と赤ちゃんを捕らえて、移住後最初の一週間を過ごした特別な習熟用囲い地に入れた。餌を与えるために人間が囲い地に入ると、みんないっせいに囲い地の隅まで逃げる。ところが、小さなスーパー・オオカミは丘に登り、二本脚生物と家族のあいだに立ったのだ。ほかのオオカミとともに囲い地から出されたとき、彼は追跡用首輪にナンバー21という表示をもらった。リーダーを失ったばかりのドルイド・オオカミの群れに加わったのは二歳半のときで、すぐに群れのリーダーとなった。雌オオカミはみな彼に傾倒し、子どもたちからも好かれた。彼は、群れの仲間たちといつも驚くほど穏やかに接している。獲物をしとめたときは、すぐにそこを離れて身を横たえ、ほかのものたちが食べる

ドルイド・リーダー　No.21

のを見守った。

ナンバー21は、自信に満ちた模範的リーダーであり、自分の望みや家族にとって最良のはからいが何かということを知っていた。彼が放射するカリスマは、メンバーの気持ちを静めるものがあった。

彼が支配的にふるまうのを見たのはほんの数回だが、いずれも交尾期にほかの雄が彼のパートナーに接近したときだった。彼は立ち上がり、うなり声をたててライバルを凝視する。彼が駆け寄ると、ライバルはすぐに卑下して仰向けになるのだった。

優れたリーダーは、常に全員にとっての模範でもある。ナンバー21には卓越した性質が二つある。彼は戦いに負けたことはなく、相手を殺したこともない。おのれの立場をはっきりさせると、驚くべき雅量を示して敗者を生かしておく。なぜだろうか？

　われわれ人間の世界では、高い地位は大多数にとって大きな意味を持つ。私たちには、個人として受け入れてもらい、確認してもらいたいという望みがあり、社会的受容は麻薬のようなはたらきを持つ。とてもしあわせな気持ちにさせてくれるので、そのためならどんなことでもする。われわれの脳は、神経伝達物質ドーパミンとともに生体固有のオピエートとオキシトシンを分泌する。分泌量が多ければ多いほど、幸福感は大きくなる。進化生物学的に見ると、高い地位はサバイバルにとって重要だ。なぜなら、パートナーや食物が不足した場合、最も地位の高いものに優先順位があるから。進化において通用するのは〝子孫の存続〟という通貨だけなので、最終的には生殖が問題となる。

　特殊な状況のせいで、望みもしないポジションにつく羽目になることがある。それは、オオカミにも起こることだ。

　ドルイド・オオカミの雌の心をとりこにして群れに受け入れられたカサノヴァを思い出してほしい。カサノヴァは、群れのリーダーからまず何度も打ちのめされている。リーダーは彼を殺すこともできたはずだが、そうせずに逃がしてやり、最後には家族の仲間に入れた。

　ドルイドのリーダーが九歳で死んだとき、カサノヴァが受けるはずだったリーダーの地位を、彼は全メンバーの予期に反して弟に譲った。頭のいいプレイボーイである彼は、リーダーには不適格だった。家族の安寧よりも雌オオカミに興味を持ち、しじゅう気を散らせている彼には、自由な身分のほうが気楽だったのだ。

ほかの活動に熱心で、権力の喪失を気に病むようすはない。楽観的で機嫌がよく、交尾期になるとあちこち放浪して、近隣のオオカミ家族のあいだに気前よく遺伝子を分配する。愛の放浪のあとはかならず家族のもとに戻ってくる。戦いよりも女を好むカサノヴァだが、家族が必要とするときにはそこにいる。よそものオオカミを縄張りから追い払うときや獲物を狩るとき、あるいは子育てを手伝うとき……。何かあれば、家族は彼を当てにできる。非常時には騎兵隊のように駆けつけて、できる限りのことをするから。ただ、リーダーになりたいという野心を見せたことはない。

ところが、オオカミとしては円熟した年齢である八歳になったとき、カサノヴァはまたしても私たちを驚かせた。群れのなかの雌はすべて血族となったので（オオカミは近親交配を嫌う）、彼は群れを離れて昔の故郷区域に戻ることにした。五匹の甥《おい》を引き連れ、近所の群れから同数の雌を集めてあらたな群れをつくった。リーダーになる気のなかったオオカミは、こうしていきなり一一匹からなる家族を擁することになる。彼は二〇〇九年一〇月に死ぬまで、自分の役目をうまくこなした——交尾期における愛の遍歴のときの一回をのぞいて。

カサノヴァはイエローストーン国立公園に棲む多数の子どもたちの父親だが、自分自身の家族で赤ちゃんを持ったのは最後の年が初めてだった。子どもたちはパパにそっくりで、立派な体格と黒い毛皮を持ち、自信に満ちていた。

責任を負う意志のなかったカサノヴァは、最終的には群れのリーダーとなった。みんながこのような転換を遂げるわけではないが、それでも多くのオオカミがこの役割を習得する。経験を積みながら学び、上へのぼる道の険しさを知っているから、いずれは優れたリーダーとなることが多い。

リーダー・オオカミはいつも自信に満ちて円熟しているのだろうか。いつも冷静で誤りを犯さないのだろうか。答えはもちろんノーだ。オオカミたちは、人生の危険な状況にたびたび直面し、驚いたり圧倒されたりしてどうしていいかわからないときもある。不確かな反応をすることもあるが、それでも家族内で面目を失うことはない。カナダ人生物学者ポール・C・パケが講演会で使った表現が的を射ている。「リーダー・オオカミにもバカなのがいますから」

オオカミの観察を通して、私自身もリーダー的ふるまいについて学んだ。初めてリーダーを務めようとしたときのことを、いまも覚えている。著書の印税による収入だけではさびしいので、私は毎夏、アメリカで旅行ガイドをして懐を潤した。調和を求める気持ちの強い私は、参加者全員に満足してもらうため、ツアーグループ内で民主的決定法をとることにしたのだが、「今日は何をしましょうか?」「明日の朝、何時に出発したらいいですか?」といった質問で早くも言い争いが始まった。私はすぐに方針を変え、さりげなく落ち着いて予定を決める。すると、文句はぴたりとやみ、みんなが満足したのだ。旅程やツアー客への責任を引き受け、自信を持って決定するのが最初のうちは楽ではなかったが、オオカミたちからそのやりかたを学び、〝雌リーダー〟の権限で決定をくだした。私がグループにとってベストを望んでいるとみんなは知っているから、受け入れてくれたのだ。

女性の強さ

女性とオオカミの関係

広々とした自然にいるのが大好きなのは、
自然は私たちについての意見を持たないから。
――フリードリヒ・ニーチェ（ドイツの哲学者）

オオカミについてのスピーチでかならずするお気に入りの質問は、「重要な決定をするとき、最終的な決定権を持つのは雌と雄のどちらでしょうか」というものだ。

反応は期待どおりで、女性は肘《ひじ》で夫の胸を小突き、男性のほうはそわそわと目を上に向けて「どうせうちと同じなんだろ」と、小声でつぶやく。小学校でスピーチをすると、近年になって時代が変化したことに気がつく。子どもたちは盛り上がって「ママ」と、口をそろえて叫ぶ。

実際にそのとおりなのだ。オオカミ家族においては、両親いっしょに決定するのがふつうだが、いつ、どこで狩りをするか、あるいは出産にどこの洞穴を使うか、といったほんとうに重大な問題は、人間と同じくオオカミの場合も最高位の女が決める。家族にとって重要なことがらはすべて、最終的には彼女の必要性に適応させる。性的魅力によって一名または複数の男たちを結びつけ、彼らが自分と子どもたちのために狩りに行き、敵から守るようにはからっているのは女なのだ。大家族にかならずあるように、男女間に諍いのあるオオカミ家族もあるだろう。雌が雄を、または雄が雌を打ちのめすようすを目撃したこともある。諍いはたいてい性別や地位とは無関係に、状況に応じて決まる。たとえばオオカミの子どもたちが喧嘩を始めた場合、最も近くにいるものが止めに入り、争いを鎮める。つまり姉または兄ということもある。

イエローストーンは多数の卓越した雌オオカミを輩出したが、そのうち一匹は生きる伝説となり、やがて悲劇的な死を遂げた。

見るものを魅了させた雌オオカミを、生物学者リック・マッキンタイヤーは〝オオカミ版アンジェリーナ・ジョリー〟と呼んだ。彼女は二〇〇六年生まれなので、「〇六（オーシックス）」と名づけられ、ナショナルジオグラフィックが彼女の生涯を映画化したときは「シーウルフ」という名が使われた。二歳でラマー・ヴァレーに現れた彼女には特別なところがあり、すぐに私たちの目を引いた。雌オオカミが家族を離れた場合、ふつうはパートナーを見つけて子どもを産むことが最優先される。ところが、シーウルフは急ぐようすはない。最初の年の交尾期に求愛者が五匹もいたが、これは野生オオカミとしては珍しいことだ。彼女は最も大きく強い雄さえも拒否し、若い雄オオカミである二匹のきょうだいに応じ、いっしょに家族を築いた。

彼女は初出産の直後に巣穴を出て、二分以内で大きな雌ジカ二頭を、だれの手も借りずに殺した。事実、経験の浅い弟たちに狩りのしかたまで教えているかに見えた。彼女はその後の数年間に、家族のメンバー全員に一種のサバイバル・トレーニングを施している。

シーウルフは、イエローストーンにこれまで存在したなかで最も優秀な雌ハンターに数えられる。オオカミによる狩りはふつう群れ全体で行なわれ、各オオカミがそれぞれの任務を持つ。追いかける、狩り立てる、襲いかかる……とどめを刺すのはリーダーの役目だ。

シーウルフはそれとは違い、単独で獲物を狩るのを好んだ。シカの雄の体重は三〇〇ないし四〇〇キロもあり、捕食動物に襲われると、前足で踏みつけて敵を殺すか、または角で投げ飛ばそうとする。シーウルフが狩りをするときは、決まって危険きわまりないポジションに行く。狩りの技術は抜群で、獲物の横にくっつくようにして走り、高くジャンプして頭を回し、シカの首を食いちぎる。しか

シーウルフ、イエローストーンのスーパースター

も、急流を泳ぎながらやってのけたことも何度かある。

一度などは、私が見ているなかでシカの雌をこのようにして攻撃し、獲物といっしょに斜面を転がって川に落ちた。すると、獲物が彼女の頭を水中に押さえ込んだのだ。彼女は嚙んでいた喉を離し、水中で身体を自由にしようともがく。やがて水上に現れ、全体重を獲物の頭にかけて沈めようと奮闘し、数分で溺死させた。

ところが、家族にとっての食料である死んだシカは、水の底深くに沈んでいる。彼女の次の行動は、観察者をまたしても驚かせるものだった。シーウルフはシカの死骸をさらに水中深くに引っ張って川下に押し流し、やがて砂洲まで来ると引っ張り上げた。彼女は自分の行動を詳細に理解していて、家族を賄うために戦略的に計画していたのだ。

シーウルフの高い知性には、経験豊富な生物学者たちも閉口させられた。イエローストーン・ウルフプロジェクトのリーダーで麻酔および電波送受信機を担当する生物学者ダグ・スミスは、おもしろそうに語ってくれた。

「ヘリコプターから彼女に麻酔をかけようと三年間試みたんだが、いつも裏をかかれた」

ヘリコプターの音を聞くと、オオカミたちはふつう四方八方に散る。彼らは、毎週コントロール飛行する単発セスナと、麻酔銃を持つ科学者を乗せたヘリコプターを、音で聞き分ける。

たいていシーウルフは逃げることはなく、「私はつかまらないわ！」と言いたげな軽蔑のまなざしを科学者に向けてくる。それから走り出し、木々のあいだや岩の背後を通って逃げる。彼女に麻酔をかけるまで三年を要した。

二〇一二年一二月、シーウルフは致命的な誤りを犯した。保護区である国立公園を出てワイオミングに向かったのだ。それは、狩猟期最後の日に当たり、シーウルフはこのシーズンに射殺された最後のオオカミとなった。

伝説が命を落とせば、人々の感情は高まる。シーウルフの死後、私は数えきれないほどのメールや手紙を受け取った。彼女をイエローストーンで実際に見たことのある人々や、彼女について聞いたことのある人々。ほとんどは女性で、カリスマを持つ雌オオカミに自身の姿を見ている人たちだった。

オオカミの世界は女性の世界。長年にわたってオオカミとかかわるうちに、そのことを確信した。大型の犬類のファンや擁護者は女性が多く、朗読会やオオカミを観察するツアーに参加する男性は明らかに少数派。それはなぜだろうか。

オオカミに対する反応は人によってさまざまで、その逆もいえる。ウルフパークにおける私の動物行動学実習が修了したとき（一九九〇年代初め）、オオカミの囲い地に入ることを許可されていた少数の男性の一人が、写真家モンティ・スローンだった。華奢な体つきでやさしく穏やかなオーラを漂わせるモンティは、いわゆるマッチョタイプではない。オオカミたちは彼が大好きで、彼が囲い地に入ってくると、なでてもらったり彼の顔をなめたりするために寄ってくる。

私たち実習生のほかに、スポンサー数人が囲い地に入り、サポートするオオカミをなでる機会を持つこともある。ある日のこと、フィットネスジムで毎日身体を鍛えているとわかる上背のある若い男性が現れた。連れてきた数人の友人に、「だれがアルファ人間か」をこれからオオカミに見せてやるさ、と、横柄な口調で告げている。二重のセキュリティドアを通過する彼の額に冷や汗が浮いているのを見たのは、私たち内部者だけだった。

オオカミたちは、いつものように大喜びで私たちに向かってきた。このときどうふるまったらいいか、私たちも心得ている。バランスを崩さないよう両足を地面にしっかりつけて立ち、オオカミのキスを受けながら彼らの腹をなでる。すると、予想外のことが起きた。オオカミたちがミスター・マッチョの手前でぴたりと止まったのだ。二匹が首の毛を逆立て、耳を前に向けて身じろぎもせずに若い男を凝視している。気味の悪い相手と感じるらしい。オオカミは卓越した観察眼を持つ。そのおかげで、しとめられる獲物であるかどうかを正しく判断できる。この二本脚生物のふるまいは、なじみのあるものとは違う……オオカミたちは不安を感じた。

ミスター・マッチョは冷静なふりを装い、「やあ、こっちに来い」と、乱暴にどなりつける。オオカミたちは後ろに跳び、尻尾を脚のあいだに入れた。囲い地の外で友人たちの歓声があがった。やがてリーダーがモンティへの挨拶を終え、いぶかしげに新しい訪問者に目を向けた。慎重に近寄り、オオカミ特有のやりかたで若い男を〝テスト〟することにしたらしく、ジャケットの端を口にくわえて引っ張った。男は「放せったら！」と言いながら、ジャケットからオオカミを振り払おうとしている。だが、体重五〇キロもあるオオカミが相手ではどうにもならないことは、一度試みた人なら知っている。次のテストでは、オオカミは男をほんとうに噛むだろう。そのことを予測したウルフパークの職員は、若い男を囲いの外に導いた。オオカミたちがようやく落ち着きを取り戻したのは、男の姿が見えなくなってからだった。オオカミは、なぜこの男を区別したのだろうか。

ほとんどの女性は、恐怖を抱かずにオオカミとの出会いを楽しむ。目の前にいる動物たちのなかに、みずからの持つ〝オオカミ魂〟が見えるのかもしれない。女性は自然とのつきあいかたが違う。傷つきやすいと思われても気にしないし、多くの男性のように〝征服してやる〟と考えることもない。一方、〝オオカミを征服したい〟男たちは、ほかの人たちにどう思われるかを重要視し、へりくだったり相手に取り入ったりする必要はないと考えている。だが、それでは前進できないばかりか、マイナスでもある。

ミスター・マッチョはどうかというと、威嚇しながらも内心はびくびくとしてオオカミに向き合った。上体をややかがめて、上方から低い声で話しかけたが、このようなやりかたはオオカミをひるませるばかりか、二本脚生物の女たちにもいい印象を与えない。モンティのふるまいかたは違う。彼は小声でやさしく話しかけ、ひざまずいてそっとなでる。だからオオカミに好かれているのだ。

オオカミを身近に体験する幸運を持つのは静かで控えめな人々であることを、私はイエローストーンにおける研究で何度も目にしてきた。その過半数は女性やベテランの野生動物写真家たちだ。

オオカミの何が女性を魅了するのだろうか。彼らの持つ制御不能で野性的なところなのか。女性の多くは、動物と接するとき、自我を抑えて観察し、じっと待つことができるのに対し、男性は前に進み出てコントロールし、支配しようとする傾向がある。オオカミよりクマのファンが男性に多いのも、そのためだろう。

ドイツの偉大なオオカミ研究家エリック・ツィーメンが、オオカミと女性について次のように語ったことがある。

「歴史上、表面的にはオオカミも女性も抑圧されてきたけれど、実際には強者だね」

オオカミの家畜化における女性の役割を考えてみよう。女性がいなければ、現在の犬はおそらく存在しなかったのではないだろうか。犬の家畜化についてはさまざまな仮説があるが、男性を中心としたものが多い。食料難の時代に狩りのパートナーとして、または護身のためにオオカミを飼いならした、というものだ。オオカミの囲い地で働いていたとき、私はオオカミの赤ちゃんの飼育にあたった。オオカミを社会化するため、つまり、最初から人間に慣れさせるために、赤ちゃんを早期に母親から離す必要がある。私たち職員は赤ちゃんの乳母であり、哺乳瓶でミルクを与え、毛づくろいや添い寝をして、数週間後に家族のもとに戻す。これは家畜化ではなく（家畜化は数万年を要するプロセス）早期感化であり、こうして育ったオオカミの大人は人間を怖がることはない。囲い地オオカミの給餌や飼育がずっと楽になる。

　はるか昔に人間の男がこのようにしてオオカミの赤ちゃんを感化したということは、考えられない。なぜなら、ミルクを与えることがそこに含まれるが、家畜のいない時代は女性の乳しかなかったからだ（牛、羊、山羊、豚の家畜化は、オオカミより遅い）。つまり、大昔のある日、ある女性がオオカミの赤ちゃんを抱いて母乳を与えたということになる。母乳が余っていたのか、それとも見捨てられた無力なオオカミの赤ちゃんをかわいそうに思ったのか。何も予期せずに人類史に革命をもたらしたことになる。というのも、オオカミに続いて有用動物が家畜化され、狩猟から牧畜へと移行することになったから。こうして歴史は新しい針路をとった。

　もしかすると、進化における特別な役割のことがいまも記憶に残っているため、私たち女性はオオカミに親近感を抱くのかもしれない。

オオカミ研究を始めたころ、私はよくエリック・ツィーメンとオオカミ評価における男女の相違について話し合った。当時バイエルン森林国立公園の囲い地オオカミを研究していたツィーメンは、九匹のオオカミが囲いを破ったときの人々の反応を間近に体験している。ハンター、警察官、自衛官といった男性は、オオカミを狩り立てて射殺した一方、女性はマスコミを通して殺さないでほしいと懇願した。「オオカミが人間にとって危険なのではなく、人間がオオカミにとって危険なんだわ」と、一女性が描写している。別のミュンヘン在住の女性は、寝室の窓の外でオオカミの吠え声を聞いた、と主張した。どうしてオオカミの声だったとわかるのか、と、ツィーメンが質問したところ、「だって、ものすごくぞっとする声だったんですもの」と答えたそうだ。

オオカミがある地域に出現すると、男性の多くは「ここから狩り出せ」「おまえたちの場所じゃない」と、拒否的に反応する。一方、女性の場合は保護本能や同情が呼び覚まされ、現存する野生オオカミの子孫への深い憧憬が芽生えることもよくある。

アメリカの民族学者・精神分析家のクラリッサ・ピンコラ・エステスの考えによると、すべての女性の心に、女性の原本能および正誤を判断する直観的知識の守護者である雌オオカミがひそんでいる。ベストセラーとなった著書『狼と駈ける女たち――「野性の女」元型の神話と物語（*Women Who Run With the Wolves*)』のなかで、彼女は次のように書いている。女が強く健康で平安かつ幸福、クリエイティブになれるのは、本能的自然へのルーツを取り戻した場合に限られる。つまり、もともと持っている野性的で制御不能な原女性に戻ること。そのためには、順応性や従順さ、すなおさや従属的態度を持つ、愛らしく親切な後天的役割を捨てなければならない。

この思考を理解できるかどうかはともかく、社会性という面でオオカミほど人間に近い動物がいないのは事実だ。多数の自然民族がオオカミを先祖のトーテムとみなしているのは、おそらく性質の親近性について知っているからなのだろう。複数の北米先住民族では、オオカミは劫初《ごうしょ》の父祖とされている。また、モンゴル帝国の初代皇帝チンギス・カンは、言い伝えによると雌オオカミを祖とする。さらには、高い文明を誇るローマも、その建国は一匹の雌オオカミの無私の献身のおかげであると伝説にうたわれている。

こうしたことから明らかなように、神話において女性らしさは生命の源、オオカミは野性のシンボルに近い。

あらゆる神話や物語のなかで、オオカミは人間存在にかかわる二つの現象、つまり不安と支配に結びついている。とくに、完全に自分でコントロールや決定のできないことがらに対する男の不安、まだなつけられていない自然に対する不安、独立した女や森のなかの野生オオカミに対する不安。暗い森に対する女の不安、暴力をふるう夫や邪悪なオオカミへの不安。昔はこうした不安にはそれなりの根拠があって、うまくあおることも可能だった。というのも、不安はうまく利用できるから。たとえば、支配者は服従したがらないものたちすべてに対して不安を使うことができる。

不安をめぐるこの駆け引きは、数限りない童話や伝説のなかで語られている。有名な童話『赤ずきんちゃん』も、たいていこの線で解釈され、官能的性質を持つ。

赤ずきんちゃんは、心理学的には若い娘を象徴する。娘は年配の男に誘惑され、男はまずおばあさんを、それから子どもをのみ込む。これは、性的な統合を象徴しているのかもしれない。つまり、当時こうした童話によって、知らない男と口をきいてはいけないことを若い娘たちに教えようとしたのかもしれない。童話では、赤ずきんちゃんは好色なオオカミに誘惑され、猟師に救われた。彼女の不安――ひいてはあらゆる女性や少女の不安は、男の特権の正当化に使われる。森に棲むオオカミに不安を抱くものは、猟師やその仕事について疑問視しない。男や男の持つ精力について、ともいえる。こうしてライバルは抹消され、支配が樹立される。

童話のなかでオオカミや赤ずきんちゃんが知ることとは、現実世界の女性とオオカミの状況を症状的に――少なくとも典型的にあらわしている。オオカミと赤ずきんちゃんは、猟師および支配者として男を体験する。もしかすると、女性とオオカミの親近性にはもっと深い根拠があることを示しているのかもしれない。つまり女性とオオカミは、表面的に見ると抑圧されたものたちであり、歴史のなかの敗者だが、ほんとうは強者だということ。なぜなら、両者は不安を克服する力を持ち、それによってほんとうに自由で独立となるから。

古老の知恵

お年寄りを必要とするのはなぜ？

私たちは若いときに学び、年をとってから理解する。
——マリー・フォン・エブナー＝エッシェンバッハ
（オーストリアの作家）

自然のなかで生きるオオカミの寿命はせいぜい九年から一一年だが、囲い地オオカミはペットの犬と同じで一五年くらい生きることもある。年をとれば、オオカミもそれなりの代償がある。われわれ二本脚生物と同じく、あちこちに不調をきたす。視力は弱り、耳も遠くなる。獲物を求めて縄張りのなかを長く歩きまわったあとや、きつい狩りのあとには、高齢のオオカミは長い休養を必要とする。また、天気も体調に影響する。オオカミは雪や寒さを好む代わりに、暑さには閉口する。猛暑は高齢のオオカミにはいっそうこたえるため、日中は日陰に寝そべって過ごす。

そのうえ、オオカミたちは年とともに負傷を重ねていく。シカ、ヘラジカ、バイソンといった有蹄類の大型動物はオオカミに襲われた場合の防衛法を心得ているため、狩りで脚の骨や肋骨を折られることが多い。また、怪我を乗り越えていくうちに身体は弱り、歯が損なわれていく。高齢のオオカミは人間と同じく歯がなくなるため、獲物を捕らえたり殺したりすることができなくなる。

そこで、彼らの社会制度である〝家族〟が機能する。高齢者のために生じる任務の大部分――とくに狩りにおける仕事は、家族のほかのメンバーが引き受ける。オオカミは柔軟性がとても高く、新しい条件にすばやく適応するとはいえ、〝リタイア〟したオオカミにそれほどの柔軟性は期待できない。彼らはお決まりのプログラムを再生することに慣れているから。

それでも、人間の世界でよくあるケースとは違い、高齢のオオカミたちはオオカミ世界で多大な敬意に浴している。愛情をこめてサポートされるとともに、最も敬われている家族メンバーなのだ。ライバルとの縄張り争いでは、彼らがグループの切り札となる。え？と思うかもしれないが、ほんとうのことだ。女性ばかりかお年寄りも尊重されるなんて、オオカミ世界はすばらしいと思う。

みずから最前線に立って参加できなくても、高齢のオオカミは家族にとってかけがえのないメリットとなる。その一例が狩りのときで、高齢のオオカミが一匹いるだけで成功のチャンスは一五〇パーセント増加する。それはなぜか？　高齢のオオカミは肉体的にはもはや壮健とはいえず、狩りはたいてい若くて力のあるメンバーに任せている。それなのに、彼らが成功の鍵というのは？

高齢オオカミが貴重なのは、豊富な経験を持っているから。これまでに何度もライバルに遭遇し、家族が殺されるのを見てきたばかりか、ほかのオオカミを殺したこともある。勝つ見込みがないと思われる諍いを回避するので、生存のチャンスを高めてくれる。経験豊富なオオカミを群れの中心に持っていれば、過去の知識をうまく利用できるため、小さな群れが大きな群れを打ち負かすことも可能になる。

その顕著な例を、イエローストーンで観察したことがある。シルバー・オオカミのリーダーが高齢の域に達したころ、若い雄オオカミが群れの仲間に入れてもらおうと接近をくり返したが、そのたびにリーダーに追い払われた。ところが、ある朝に状況は一変した。青二才の若いオオカミがリーダーとなり、解任された旧リーダーは明らかにへりくだった反応を見せている。新リーダーは、彼が家族のもとにとどまることを認め、怪我をすれば傷口をなめてやるなど、多大な敬意をもって扱った。こうして旧リーダーは残りの人生を家族から敬われて過ごし、群れ全体がその恩恵にあずかった。彼はバイソンを殺すという困難な技術を心得ていたからだ。

リーダー交代の数日後、新リーダーをのぞく家族全員が狩りに出かけた。彼は新しい責任に気が高ぶり、出発を寝過ごしてしまったらしい。群れが出会ったのは片足を引きずって歩く雌バイソンで、高齢の旧リーダーはとるべき行動をすぐに悟った。勢いよく駆け寄って尻尾に食らいつくと、バイソンは尻尾とともに彼を振りまわした。バイソンはいつもどおりに防衛できなくなったため、ほかのオオカミには都合がよかった。バイソンは食らいついたオオカミを振りほどくと、二つの岩のあいだに逃げ込んだ。枝角のある頭だけを自由に動かせる状態で、老オオカミさえいなければ防衛には理想的な体勢のはずだった。だが、状況を正確に読んだ旧リーダーは岩の反対側にまわり、バイソンの後ろ脚に噛みついたのだ。バイソンが身を守るために向きを変えると、老オオカミはそのつど岩をまわり、後ろ脚に噛みつくことをくり返した。自動的にリーダーの役割を務めた彼の主導で、群れはバイソンを殺すことができた。

やがて、ようやく目を覚ました若いリーダーが家族を求めて吠え声をあげると、家族はそれに応じた。新リーダーは家族を追って川を泳ぎ渡り、五〇〇キロもあるバイソンの食べ放題に加わった。老オオカミを群れに保持した甲斐はあったわけだ。

人間の世界では、お年寄りはどのような待遇を受けているだろうか。彼らが人生の重要な部分を占めることを、私たちは理解しているだろうか。彼らを世話するための時間を割いているだろうか。大部分のメンバーが死ぬまで暮らした昔の大家族は、もはやほとんど存在しない。現代のライフスタイルでは、介護を必要とするお年寄りを高齢者養護施設に入れるしかないことも多い。

自然民族〔訳注：祖先のライフスタイルを守って生活している民族〕の場合はそれと違い、お年寄りは尊敬され、彼らの意見は尊重され、決定にも参画する。現代社会で高齢者が軽視されるケースが多いのは残念だと思う。

さいわいなことに、職業の世界では年長の同僚こそ価値が高く、〝ゴールド〟世代はチーム全体にとってプラスになる。膨大な知識と数十年にわたる経験を持つ世代は計り知れない財産なのだ。技術を持ち、仕事の手順を心得ているので、経験を通して新企画を補強してくれる。戦略的思考、論理的討論、知識を与える、といった能力も彼らの強みに含まれるし、慎重さや職業への総合的理解力も持つ。

オオカミたちも、こうした経験や資質を尊重することを心得ている。

コミュニケーション技術
信頼をコーラスのように形成するには

コミュニケーションにおける最大の問題は、
うまくいったという思い込みにある。
——ジョージ・バーナード・ショー（アイルランドの作家・政治家）

すでに長い年月を野生動物の領域で過ごし、オオカミの歌声に何度も耳を傾けたが、一九九一年一一月のある寒冷な日にミネソタ州の森で初めて野生オオカミのコーラスを聞いたときほど感動したことはない。それは、あるオオカミ家族の縄張りの真ん中に位置するログハウスに移って間もないころで、凍った湖の上を走るオオカミの姿をときどき遠くに見かけた。私の〝オオカミ語〞がどのくらい通じるか試そうと思い、彼らの声をまねて吠えてみた。返事を引き出せれば、オオカミの総数がわかるかもしれないから。

湖岸に立って吠え声をあげ、耳を傾け、寒さに震えながら極度に張りつめた気持ちで待つ。薄明のなかで聞こえるのは私の歯がぶつかるがちがちという音だけ……ということもあったが、やがて待ちに待った音が聞こえてきた。森のなかから響いてくるのは単独の低い声で、しだいに高まっていく。私の内臓を貫いて心臓に達したような気がした。すると、森の反対側から答えがあり、やがていたるところからオオカミの声が加わった。よく響く声、澄んだ声やくすんだ声、ヒステリックな声や歓喜の声。それらの中心に私は立っていた。ヴェローナ、ミラノのスカラ座、メトロポリタン歌劇場でいっぺんにオペラを鑑賞している感じ。あらゆる感覚器官を研ぎ澄まして歌声を吸入し、いつまでも記憶にとどめたいと願った。このようにして、野生オオカミの縄張りのなかで彼らといっしょに歌った。〝オオカミ語〞のキャリアを歩みはじめたばかりの私にとって、それはまたとない贈り物となった。

オオカミのコーラスは、自然界の響きで最も美しいと思う。オオカミたちが吠える理由はいろいろある。ここは自分たちの縄張りだとライバルに伝えるとき、行方不明の家族または潜在的パートナーを求めているとき、社会的関係を強めるため……声を合わせていっしょに吠えれば、家族の絆は深まる。

イエローストーンでまる一日を観察に費やしたのち、夕食をとるためにガーディナーのレストランに行ったとき、私はそのことを思い出した。注文したハンバーガーを待っているあいだ、隣りのテーブルにいる家族を眺めていた。それは子ども二人の家族で、息子は一四歳、娘は一〇歳くらいだろうか。全員がiPhoneを手に——息子は二個——持ち、メールやメッセージを読んだり書いたりしている。運ばれた食事には目もくれずに下を向いたままかき込み、食べ終わるとますます携帯電話に注意を集中させる。注文のとき以外はひと言もしゃべらず、家族は異様な沈黙に包まれていた。技術機器のために家族は機能を失い、ほんとうの会話はなかった。

オオカミは、電子機器を使わないにもかかわらず、コミュニケーションの巨匠といえる。身体、目や耳、鼻先や尻尾の位置のほか、マーキングや吠え声も使う。明白かつ効果的にコミュニケーションする能力は、彼らがたがいに喧嘩をしない理由の一つなのではないだろうか。相互理解や信頼の樹立に、コミュニケーションは重要な役割を果たす。

ミネソタでは、どのくらいの数のオオカミが私に答えてくれたのかはわからなかった。多数のオオカミ（またはコヨーテ）が吠えると、森のいたるところに彼らがいるように聞こえる。声はみな違った響きを持つ。二〇一三年に行なわれた科学調査では、オオカミの吠えかたのタイプ二一種類が確認されている。オオカミの種類により（シンリンオオカミ、アメリカアカオオカミなど）それぞれ異なる方言があるばかりか、各オオカミは固有のピッチを持つ。この能力のおかげで、たくさんのオオカミが返答しているという印象を受けるが、おそらくライバルたちもそうなのだろう。二本脚生物は感銘を受けやすいため、実際よりずっと大きな群れを想像する。オオカミにとっては明らかなメリットだ。

オオカミのボディランゲージは包括的で、うなる、歯をむき出す、噛みつく、道をふさぐ、つつくといった威嚇のシグナルによって深刻な争いを回避する。顔をそむける、視線を落とす、無視する、前足でなでる、といった和平的なシグナルで社会的ストレスを緩和し、触れ合う、添い寝する、並んで走る、なめる、毛皮を口ではさむ、などの和解のシグナルはおたがいの理解を深め、仲直りするのに役立つ。

目は、オオカミと人間にとっての重要なコミュニケーション媒介だ。人間の場合と同じく、相手をまっすぐ凝視すれば威嚇的に感じ、視線を落としたり別の方向に向けたりすれば、服従あるいは友好のしるしとなる。率直な子どもっぽい表情は、ふざけたいという意味となり、瞳を動かすのは人間とオオカミ両方にとって喜び、苦痛、不安、怒りといった感情をあらわす。

オオカミはたがいに配慮し合うため、直接視線を交わすことを避ける。コミュニケーションするときはたえず目と目を合わせるとはいえ、長く見つめ合わないよう気をつけている。

親しい人どうしが触れ合うとき、心地よさのしるしとして目を閉じることがよくある。オオカミが社会的グルーミングでたがいの毛皮を軽く噛むときにもそれはいえる。触れ合うのは気持ちがいいらしく、子どもも老オオカミもみんな触れ合うのが大好きだ。とくに母親やベビーシッターと赤ちゃん、交尾期に求愛するものどうしなどにいえる。おたがいのボディケアはオオカミの社会生活における重要な一部で、相手への気づかいや愛情の表現でもある。同じような反応はペットにも見られる。飼い犬をなでると血圧は低下し、たがいの結びつきは強まる。愛情をこめて触れ合うことによって得られるエネルギーや治癒力は、医学でも重視されている。やさしくなでる、またはマッサージすることで、患者の心拍数が減ることは証明されており、抗うつ作用のある伝達物質、セロトニンやドーパミンの製造が脳内で刺激され、落ち着きや信頼を増強するホルモンのオキシトシン値が上昇する。触れ合いにより、親しみや安心感が得られるということだ。

　オオカミのカップルのコミュニケーションを観察して、うっとりとため息を漏らす人は多い。オオカミの求愛は年間を通して行なわれ、リーダー夫婦はにおいを嗅ぎ合う。鼻先が触れ合い、たがいの顔や耳、首や肩をなめ、足で触れ、軽く噛む。雌が雄の首や肩に前足を置くようすは、人間の抱擁を思わせる。一月下旬に交尾期または発情期が始まると、雄は小さな子どものようにふるまう。身体の前部を沈めて雌の身体に飛びかかり、尻尾を振りながら横または後ろから飛びつこうとするが、雌はその気がない場合は拒否するか、または「そう簡単にはいかないわ」というそぶりをする。求愛から実際に交尾になることは少ない。

オオカミが家族やほかの群れといかにたくさんのシグナルを使って相互に理解するかということを考えると、私たち人間のコミュニケーション手段は乏しいことを実感する。たしかに私たちも言語やジェスチャーや顔の表情を使って意思疎通しているのに、理解し合えないことが多いのはなぜだろう？　明白に表現することが少ないからではないだろうか。犬を飼っている人（または子どもを持つ親）は、教育の基礎は明白かつ一義的なシグナルにあることを知っている。犬は内容よりも話しかたに注意を払う。「ノー」と言えば「ノー」という意味であり、「もしかすると」「その可能性もある」ということではない。「ノー」と言うなら、ほんとうにそう考え、そう表現するべきだ。

人間どうしのコミュニケーションで相手を正しく解釈するのが困難だとすると、オオカミを解釈するのはさらに難しいかもしれない。とくにオオカミの遠吠えは、研究家に新たな疑問を投げ続けている。二〇一三年に行なわれた遠吠え調査においても、オオカミのさまざまな方言が分類されたものの、音声の意味を解明することはできなかった。無理もないことだと思う。音声記録やコンピュータは、野外調査の代わりにはならないからだ。科学者たちは、本物の自然に出かけてあらゆるコミュニケーションを包括的に見るべきだろう。そうすれば、遠吠えを理解できる……かもしれない。次の例が示すように、どのオオカミの声であるかを知るだけでは十分ではない。オオカミが伝えようとしていることを理解するには、全体像を見る必要がある。

私はそのとき、あるオオカミ家族を観察していた。一部は雪の上に寝そべり、別の数匹は雪を引っ搔いている。身体の大きい黒いオオカミがそわそわとして立ち上がったが、再び寝そべって家族に何やら呼びかけた。家族は注意を払わない。黒オオカミは山に駆け登り、帯状の霧のなかに見えなくなり、しばらくして再び現れた。そこから少しだけ山を下って家族に近寄り、立ち止まって頭を高くかかげ、吠え声をあげた。短く低い響き。吠え声の末端は、滑らかに上または下に移行する。家族が気に留めるようすはない。彼はまた少し山を下り、再び吠えた。今度は二匹が立ち上がって黒オオカミのあとを追い、やがて群れ全体が山の向こうに見えなくなった。

黒オオカミが吠えた理由は？　家族に何を伝えたの？　「いいかげんに尻を上げてついて来い」という意味？　腹が減っていたのか、冒険心を起こしたのか、仲間を求めていただけなのか。あるいは、彼の吠え声には特別の情報が含まれていたのか。

現在の科学者の大部分は、オオカミがボーカル・コミュニケーションをする理由は感情的なもの、と考えている。どの吠え声にも微妙なトーンが共鳴していて、彼らにはそれを聞き取ったり聞き分けたりすることができる。つまり、遠くから聞こえてくる声の持ち主や、彼がそのときどのような気分にあるかということがわかる。声を高めて興奮を表現するのは、人間を含むあらゆる哺乳動物に共通している。黒オオカミは、興奮していることを家族に伝えた。それが群れの仲間に好奇心を呼び覚まし、従う気にさせたのだ。

オオカミの遠吠えについては無数の神話がある。そのいくつかを取り上げて、内容について考えてみたい。ロマンチックな映画やホラー映画のエンドタイトルのバックによく使われるとはいえ、オオカミは月に向かって遠吠えするわけではない。満月期に遠吠えが多いとすれば、明るい月光を利用して狩りなどに出かけるためだろう。オオカミに典型的なのは、グループで唱和して狩りに行くことに決めるシーンだ。

オオカミはきゃんきゃんと吠えることはないと主張する人もいるが、警戒状態にあって危険を知らせるとき、オオカミは短く吠える。洞穴の前にいる子どもたちにクマが近づいたときなど、彼らがいきり立つところを私は何度も見ている。子どもたちに短く警告して巣穴に戻らせると、侵入者への騒がしい攻撃を開始する。ヒステリックな叫び、悲鳴、短い吠え声、うなり声……あらゆる声のオンパレードだ。

子どもたちを守るときに限らず、縄張りを守るときにもオオカミは吠える。ドルイドとアガーテの群れが一時間近くにわたって〝吠え声戦闘〟をするのを、数年前に二〇〇メートル離れた場所から追跡し、魅了されたことがある。ドルイドがやかましく猛烈に、短い間を入れながらきゃんきゃんと吠え続けると、侵入者の群れも吠え返した。

オオカミたちは時間を知っているのではないか、と思うこともある。というのも、毎週水曜日の午後三時にコーラスのリハーサルが始まるからだ。イエローストーンには一時期、この時間になると遠吠えを始めるオオカミ家族がいた。理由は簡単で、毎週水曜日にＵＰＳ（アメリカの運送会社）のトラックが公園北口にあるシルバーゲートとクックシティに郵便物と食品を運んでくる。トラックがラマー・ヴァレーに現れると同時に、コーラスは始まる。オオカミたちがなぜ遠吠えするのか、具体的な理由は探り出せなかったが、トラックのエンジンがたてる特定の音が気に入って、返答したかったのかもしれない。いずれにせよ、その時間に郵便物が来ることはわかっていた。しばらくして配達の車が替わると、オオカミのコーラスもなくなった。

どのような意味を持つかはわからなくても、オオカミによるコーラスは私たちを魅了し、うっとりとさせる。生態学者・作家のアルド・レオポルドが穿《うが》った表現をしている。

「オオカミの遠吠えを専門的に解釈できるほど長く生きたものは山々しかない」

オオカミ・ツアーにおいても、オオカミの遠吠えを聞くたびに特別な瞬間を体験する。

あるツアーの最後の日、全員で丘に登った。そこから見晴らすことのできる三つの縄張りは、部分的に重なっている。アガーテの縄張りは西に位置し、スラウ川地域は南側、ドルイドのいるラマー・ヴァレーは東側だ。私は、ツアー客のためにフィールドスコープを設置した。青天に太陽が輝き、雪がぎゅっぎゅっと音をたてる最高の日和で、周囲一帯に目を向けてオオカミを探す。そのとき、背後から遠吠えが聞こえてきた。五〇〇メートル離れた場所にグレーのオオカミが立ち、思いきり声を張り上げている。すぐに谷の反対側から返事があり、そこへ第三の群れが加わる。私たちはオオカミのコーラスに囲まれていた。遠吠えの主全員を確認するためにフィールドスコープを回転させる。いちばん近くにいたのはアガーテで、縄張りによそものが入り込んだことに憤慨している。遠吠えはやがて短い吠え声に変わった。ドルイドは、先に来たのは結局は自分たちではないかとアガーテをののしり、単独で遠吠えするオオカミの気も静まらない。こうしてオオカミたちの歌唱コンテストは一時間以上続いた。

自然のなかでオオカミの遠吠えを初めて聞いた人はみな深く感動し、涙を流すこともある。彼らの声音は心の琴線に触れ、畏怖と喜びと不安の混じった気持ちになるらしい。この響きを人々と分かち合えたことに、私は感謝している。初めて野生オオカミの遠吠えを聞いた人たちの目を見ると、私たちはいまも自然と結ばれていることがわかる……ハイテク化された社会ではあっても。

故郷への憧憬

所属する場所が必要なのはなぜ？

わが家とは、私たちの愛する場所。
たとえ足は離れても、心は離れられない。
――オリヴァー・ヴェンデル・ホームズ（アメリカの医者・詩人）

オオカミの棲む谷の冬。雪が降った翌朝に丘を登り、日光の照り始めた場所を探す。機材類を周囲に配置し、三脚を立てて重いフィールドスコープを固定する。それがすむと、双眼鏡を首にかけ、トランシーバーとボイスレコーダーをジャケットの左右のポケットに入れた。これで仕事に取りかかれる。

　すると、早くも現れた。谷の支配者であるラマー・オオカミが縄張りの境界をパトロールしている。特定の足跡を追跡しているらしく、雪におおわれた岩塊のそばで足を止めた。リーダー夫婦が雪のなかに鼻先を埋めてにおいを嗅ぎ取っている。どうやら知っているにおいらしい。

　オオカミは鼻でにおいを嗅ぐだけでなく、〝見る〟こともできる。彼らの頭には数百万個の嗅覚受容体があり、その一部は口のなかに存在する。彼らが集中的ににおいを嗅いだ部分から、そこを通ったのはどのオオカミかということばかりか、それがどのくらい前だったかもわかる。オオカミの鼻は何でも知っているのだ。

　縄張りの境界沿線につけられたマーキングのにおいを嗅げば、ライバルのオオカミは、そこに棲む群れの数、大きさ、強さなどを知ることができる。縄張りの中心部にいるときは、よく知っている場所なので、だれが先頭を歩いてもかまわない。けれども、境界パトロールではリーダー夫婦が群れをリードし、ほかのメンバーは「パパかママにまず状況を見てもらおう」をモットーに背後に控える。

　オオカミは決まった縄張りに棲息する。そこは、保護と食料と安全な子育ての場所を提供してくれる故郷。縄張りの周囲はよそものオオカミと隔てる場所なので、リーダーはにおいのマーキングをする。庭の柵の支柱のように隙間なく、尿や糞を残したり、前足で掻いたりする。風ができるだけにおいを分配してくれるように、岩や木の切り株の上など高い場所につける。後ろ脚をできるだけ高く上げて放尿するのもそのためだ。マーキングは群れのメンバー全員に許可されているが、脚を高く上げてのおしっこはリーダーの雌と雄だけしかできない。下っ端は、雄もみな座っておしっこすることになっている。リーダー夫婦が交互にマーキングするのは縄張りを主張するためばかりでなく、結束感を示す意味もある。群れは統一体だからだ。

尿を分配して縄張り内のできるだけ多くの場所に線引きするために、リーダーは一度に数滴、いわば斑点をつけるにすぎない。また、森林内の交差点など戦略的に重要な地点につけ、力いっぱい地面を掻いて拡散させる。

私が見ているなか、ラマー・オオカミは鼻を地面にくっつけるようにして前進していく。ふと、生意気な少年特有の行動が目に留まった。一匹の若い雄オオカミが立ち止まって群れと距離を置き、両親がいましがた何度もマーキングした木を徹底的に嗅ぎ始めた。すばやく周囲を見まわしてだれも見ていないことを確かめてから、木のところで片脚を高々と上げる。そのさい、この侮辱行為に気づいていないリーダーから目を離さない。すばやくがりがりと掻いてから、私がチンピラと呼ぶ生意気な少年は前進して群れに追いついた。彼の目がきらりと光ったのが見えたように思う。

オオカミの世界は、生態系のなかで自分の場所を見つけて生き延びることにかかっている。いい縄張りは、十分な避難所と確実な食料を提供してくれる。縄張りの大きさは、使用できる場所の面積、全生物のなかのオオカミの数、獲物となる動物の数、群れの安定性といったことに左右される。彼らは長期的に食料を得られるように縄張りの大きさを選ぶ。棲息する餌動物の数が多ければ、縄張りはそれだけ小さくてすむ。ヨーロッパ中部におけるオオカミの縄張りは平均一五〇ないし三五〇平方キロメートルだが、シベリア北部やカナダ北部では一〇〇〇平方キロメートル以上の広さを持つ。

オオカミの縄張りには〝内部領地〟と〝外部領地〟があり、内部領地で時間の三分の二を過ごす。家と庭に相当するかもしれない。それに対して外部領地は街をぶらぶら歩くか散歩するようなものだろう。オオカミの縄張りはふつう年月や世代を経て安定化する。出産用の洞穴も数十年にわたって使われることが多い。

オオカミは故郷との結びつきが強く、未知の領域で獲物を探して歩きまわったあとは、急いでわが家に帰りたいようだ。

思春期にある若いオオカミは、新しい領地や雌を獲得したいときには縄張りの外に出るのを好む。パートナーを求めて数百キロ以上遠征したとしても、再び出生地を見つける。

彼らの頭には故郷のイメージが地図のように入っている。すべての樹木、交差路、水源を知り、余った食料を埋めた場所を覚えている。適切な近道をとり、なじみのある道路網を利用し、川のどの部分を渡ればいいかを知り、お気に入りの場所を持つ。冬は陽の当たる小丘の休憩地だし、夏は森のなかの木陰になったところ。子どもたちは両親やきょうだいについて領地内を何度も歩きまわるので、五カ月になるころには生活圏は詳細に頭に刻み込まれる。境界の位置、におい、地形などを学ぶとともに、除雪された道路、クロスカントリースキーのトラックやスノーモービルの跡など人間のつけたルートを利用すればエネルギー効率がいいことも幼いうちに教わる。こうした知識は文化遺産として代々伝えられる。

子どもたちは縄張りとともに餌動物の領地も前世代から受け継ぐ。楽に食料を得られるのはどこか――保護されていない羊や仔牛など――、(電気柵があって)接近すると苦痛を受けるので避けるべき動物はどれか、といったことも、オオカミは学ぶ。人間のゴミ置き場を知って、とくにローマ周辺の廃棄物集積所ではパスタの残りを好んで食べるようになった。イタリアのアブルッツォ州に棲むオオカミを長年研究したエリック・ツィーメンは、彼らを〝スパゲッティ・オオカミ〟と名づけた。

私たち人間にとって故郷とはなんだろう? 焼きたてのケーキのにおいだったり、日曜の朝に鳴る教会の鐘の音だったり、隣人や友人だったりする。これらは人格や安全を与えてくれるなじみのあるもの。人はみなある程度の安定性を求めていて、故郷はよりどころを与えてくれる。ロシアのことわざに次のようなものがある。

「故郷とは、あなたが木々を知っている場所ではない。木々があなたのことを知っている場所だ」

出生地と調和状態にあることは魂にとって重要だ、と考える自然民族は多い。彼らの考えかたによると、母親の胎内で骨や筋肉が形成されているとき、誕生する場所周辺のエネルギー・フィールドの型を受け取る。その後は世界のどこに滞在しようと、いつも出生地と調和的に結ばれている。これが個人の人格開発に役立ち、自分があるとおりの人間に形成してくれる。

オオカミのおかげで、自分のルーツや出生地に対する深い敬意をおぼえ、私の属する場所を確信するようになった。仕事で世界各地を旅行していた私は、長いあいだ、故郷にいるのによそもののような状態だった。私生活においても〝理想的な場所〟をずっと探し求めた。ニューメキシコ州サンタフェ、アリゾナ、アラスカ、メイン、モンタナ、ワイオミングといった各地に長期間住んだが、わが家を見つけたと感じたのもつかのま、数カ月後には矢も楯もたまらなくなってスーツケースに荷物をまとめた。

故郷という概念が意味を持ったのはかなりの年になってからで、社会環境の大切さを理解し始めた。世界中を旅行し、あらゆるものを見てしまうと、故郷とは一つの場所以上のものだと気がついた。故郷とは、家族や友人や隣人の住む場所なのだ。

いまでは、旅行したいという気持ちはあまり起こらない。居住する町やわが家の目の前にある山々や木々も知らないようでは、フェニックスやニューヨーク、サンフランシスコを一瞥《いちべつ》しても意味がないではないか。私は根を下ろし始めていた。家や風景、周囲の動植物に親しみを感じる。私のデスクは、いまも私が生まれた部屋にあり、位置もほとんど変わっていない。ここで仕事をしていると、温かい安心感とともに来るべきところに来たという気持ちになる。この家は曾祖父母および祖父母によって建てられ、基礎となっている切石壁には曾祖父のイニシャルが彫り込まれている。それを見るたびに、苦労してマイホームを築いた祖先に対してありがたい気持ちになる。それはいま、私のマイホームとなっている。

それはドイツ・ヘッセン州にある小都市の郊外。世界中のどの小さな町でもそうだが、数世代そこに住んで初めてほんとうの住人ということができる。さいわい曾祖父母の代からここに住んでいたおかげで、私は言葉のほんとうの意味で〝原住民〟といえるだろう。この町や郡には中世の要塞や城がたくさんある。夏のひとときを庭で過ごせば、一四世紀の城塞跡が上方に見える。ドイツは伝統的な長い文化を持つ国なので、あたりまえと受け止めてしまいがちだが、この文化は私たちの遺伝子に組み込まれている。その気にさえなれば、故郷とのつながりや深い信頼が感じられるだろう。

ラマー・オオカミはさらに進んで山の向こうに見えなくなった。リーダー夫婦は特徴的な場所にマーキングして前足で掻いたので、侵入しようとするものがいれば、二週間から三週間は感じるはずだ。明白な境界線は安全を提供するばかりか、エネルギーの節約にもなる。隣人とたえず争いたいと思う人はいない。残酷に戦い抜けば、当事者全員にとって失うものは大きい。

故郷と家族を守りたいという要求は、オオカミの場合は非常に強い。実際にそうするか、どの程度にするかということは、たくさんの状況と関連している。十分な広さと食料があって複数のオオカミ家族が平和的に隣り合って暮らせるかどうかは、とくに重要だ。縄張りの重なり合った部分は共同で使われる。餌動物の生息密度が高く安全な洞穴に恵まれた優れた狩猟区は、みんなが欲しがる優良株で、一度所有したら手放したがらない。この点ではオオカミも人と変わらず、奪われる危険があれば、必死で故郷を守ろうとする。ただし、死者を出す本格的な縄張り争いとなるのは、親戚関係のまったくないオオカミ家族どうしの場合が多い。彼らの性質からして、親戚を襲うことへのためらいは大きい。

それでも、（人間もそうだが）オオカミで最も多い死因はライバルとの縄張り争いで、イエローストーンにおいてはオオカミ総数の二〇パーセントがそのために命を落とす。彼らは基本的に紛争を避けようとしているのに。というのも、戦いとなれば負傷するかもしれず、家族を危険にさらすことになるからだ。

警告やマーキングの効果がなく、ライバルが襲ってきた場合には、たいてい激しい争いとなる。こうしたケースでは、どの群れもライバルを追い払い、できれば殺そうとして戦う。余談になるが、映画のなかのオオカミの戦いのシーンでは、うなったり歯をむき出したりする恐ろしい音が聞こえるが、これは劇的な効果を与えるために映画業界が勝手に取り入れた音響トリックにすぎない。オオカミの実際の死をかけた戦いは、不気味なほど静かに進行する。

ライバルの群れどうしのそうした戦いを、私も見たことがある。長いあいだ反目していたドルイドとスラウの部族間闘争が起きたときだ。この二つの群れは、昔からお気に入りの縄張りに目をつけていた。それはラマー・ヴァレーで、ドルイドは長年ここを故郷とし、彼らも彼らの両親もここで生まれている。全盛期には三七匹を数える群れが谷を移動すると、目にした人々は息をのんだものだった。

だが、運命がゲームの進行を変えた。病気のためにドルイドの子どもたちが死ぬと、スラウはラマー・ヴァレーで幅をきかせ、それまでの所有者を追い払おうとし始めた。権力交代が起きたのは二年後だった。

私の立つ観察地点は、二つの群れのちょうど中間にある。動物の死骸を食べている一八匹のスラウ・オオカミは、一六匹からなるドルイド・オオカミが向かってくることを予想していなかった。だれもほかの群れに気づかずにいたとき、いきなりドルイドが丘の上から勢いよく突進してきた。先頭を切るのはリーダー夫婦とグレーの毛皮を持つ一歳の子で、尻尾を高く掲げて首の毛皮を逆立てている。スラウは西方向に逃げ出した。ドルイドは数の上では少ないが、その代わりたくましい大人が多数を占めている。スラウの子どもたちのなかには、いまだに状況がわかっていないものもいて、困惑顔で死骸のそばに立っている。「走って！」。私は心のなかで叫んだ。「命をかけて走るのよ！」

攻撃者は隊形を扇形に広げて川を泳ぎ渡り、斜面を駆け登ってくる。みっちりとリハーサルしたような完璧な動きだが、ここにはマニュアルはなく、みんな本能に従っている。彼らはスラウの一歳オオカミのところに達し、意外なことにそばを通り抜けた。ほかのも追い払うだけであってほしい、と心の中で祈る。ところが、ドルイドは二匹目の一歳オオカミを捕らえ、輪になって襲いかかった。不幸な犠牲者をあっという間に片づけると、彼らは死体を残したまま、逃亡したスラウの跡を追ってさらに西に進んでいく。さいわいなことに、ほかにはだれも捕まらなかった。

被追放者たちは数時間後にラマー・ヴァレーを立ち去った。彼らがイエローストーンで最高の猟区を支配したのはほんの一時にすぎなかったわけだ。故郷と一匹の子どもを失ったスラウ・オオカミは、もとの縄張りへと帰っていった。

オオカミほど情熱的に故郷を守ろうとする哺乳動物はほかにはあるまい。だが、近隣に棲む群れと暴力的な邂逅《かいこう》となったとき、勝利に導くものは何だろう？　メンバーの数？　大きな群れが勝つのか？

勝敗を決める基準はいろいろある――故郷に残るか追放されるか、生きるか死ぬかを決めるもの。数が多ければ勝つ、というのは理解しやすいし、戦略的な意味もあるかもしれない。敵の群れより一匹でも数が多ければ、勝利のチャンスはそれだけ高い。

もう一つ決め手となるのは、どこで戦いが行なわれるかということだ。故郷の陣地か敵の地か。昔からある〝ホームゲーム〟の問題といえる。

しかし、もっと大きな意味を持つのは性別だ。大人の雄が多ければメリットがある。すでに存在する別の家族に移民として受け入れてもらいやすいのも、そのためだ。雄オオカミは交尾期のライバルを意味するとしても、家族の強化になることをリーダーは知っている。だが、最も重要な規準は、すでに述べたように彼らの年齢。経験豊富な老オオカミのいる群れは、故郷を守る最高のチャンスを持つ。

オオカミの戦いを目にするたびに、驚かされることがあるものだ。際立って利他的な行為もその一つ。ある縄張り争いで一匹が敵の雄から襲われたとき、弟が命の危険を冒して攻撃者のすぐそばを走って通過し、注意を逸らせたこともある。攻撃は中断され、兄弟二匹とも攻撃をまぬかれた。

別の例ではそううまくはいかず、戦っているグループの真ん中に跳び込んだオオカミは家族の〝犠牲〟となり、殺された。

なぜオオカミがこのような行為をするのかについては、生物学者ウィリアム・ドナルド・ハミルトンの展開した原則により説明できる。親戚内で行なわれる利他的な行為は、行為者に何の利益もないように見えるばかりか命を落とすことさえあるが、それでも本人に最も利益をもたらす。きょうだいは一般的に遺伝子の約五〇パーセントが共通しているので、若いオオカミが兄の命を救えば、種の保存と間接的ゲノム伝達が保証される。

こうした例から、自分の命を顧みずにほかのメンバーの肩代わりをする、オオカミ家族の強さを見ることができる。

旅に出るとき

親もとを離れ、いつかまた戻ってくる

そして、きみはふいに気がつくだろう。
新しいことを始めて、
一歩目が持つ魔力を信じるときが来た、と。
——マイスター・エックハルト（中世ドイツ、キリスト教神学者・神秘主義者）

アランはドイツ・ザクセン州出身の一〇カ月の少年オオカミで、二〇〇九年三月一三日にこの名前をもらった。その日、彼は一人で歩いていた。何かの跡を見つけたらしく、あちこちで道草を食い、ネズミを数匹捕まえ、悪い予感は少しも持っていなかった……そのとき、彼はふいに罠を踏んだ。振り向いて足を引っ張ったが、取ることはできない。それは足にしっかりと巻きついている。ほどなく二本脚生物が姿を現わし、不安を抱く間もなく麻痺《まひ》剤を注射された。

目を覚ましたときには頭がぼうっとして、重い首輪によってかろうじて二本脚生物との出会いを思い出した。採血、身体の計測といった科学的処置のあいだは眠ったままだった。いまは、できるだけ早く安全な家族のもとに戻りたい。彼は、珍しい記念品を家族に持ち帰った。最新技術のGPS・GSM機能をそなえた首輪。この首輪は人工衛星を通して彼の位置を確認し、無線通信によりラウジッツにある「ザクセン狼連絡事務所」に現在地を知らせる。こうして、少年オオカミは生物学者ゲサ・クルートおよびイルカ・ラインハルトにショートメッセージを送ってくるようになった。

アランという名を持つオオカミは、こうしたことを何も知らず、喜んで家に戻った。生物学者の受け取ったシグナルによると、数週間を家族のもとで過ごしたのち、家を出て放浪を始めた。

若い雄は東に向かい、三週間近くをポーランド北東部の、ビエブジャ国立公園西部で過ごした。その後、多数のオオカミの群れが棲むアウグストゥフ森を通り抜け、ベラルーシとの国境を越えた。二〇〇九年六月には、両親の縄張りから直線距離で六七〇キロ北方に達していた。

四カ月後、彼はベラルーシとリトアニアの国境付近に来た。四月から一〇月までに一五〇〇キロの距離を踏破し、最終的に故郷から直線距離で八〇〇キロ離れたことになる。

その後、アランからのメッセージは途絶えた。交信が絶つ前に何度か電波障害表示があったので、首輪がはずれて落ちたのだろうと科学者は判断した。アランはラウジッツのコンピュータと直接つながった装置を携帯して放浪に出たというわけだ。

二〇〇九年から一一年にかけて実施された「ドイツにおける狼の移住と拡散に関する予備研究」は、連邦自然保護庁の主催と連邦環境・自然保護・原子炉安全省の予算による。これはのちに、現在も続いている「放浪狼企画」に移行した。データからは、ラウジッツを離れたオオカミたちの放浪ルートの選びかた、好んで滞在する場所、どのような障壁があるか、死因は何か、といったことがわかる。そのほか、ところによっては人口密度の高い農地で彼らがどのように行動するかを理解する手助けにもなるだろう。

いつ、どのような理由で家族から離れるのか、目的地はどこか、家族のもとで安心感に包まれて暮らすのを好むオオカミも多いのに、彼らがパイオニアとして生きるのはなぜか、といったことについても、まだほとんど判明していない。

家族全員を賄う十分な食料がないから、あるいは両親に追い払われて、という場合もある。とくに交尾期に若いオオカミが潜在的リーダーであるかのような態度をとって空気が張り詰めたときなどだ。親オオカミは、ふつうは子どもたちが二歳くらいになるまで、とても寛大に扱う。子どもたちにとって家族は跳躍台。離れるかどうか、いつ離れるか、のちになって戻ってくるか、といったことは、彼ら自身が決める。

群れを離れるという戦略にはかならずリスクを伴う。命を落とすことにもなりかねない。縄張りを離れるのはどちらかというと勇ましい性質を持つ若い雄だが、すでに述べたように家族のもとにとどまって弟妹の教育を手伝う子どもたちも多い。進化論的観点からいえば、きょうだいの世話をするのは自分の子どもを育てるのと同様にメリットがあるかもしれない。前章で家族のために犠牲となる若いオオカミの例を取り上げたが、無私の行為は繁殖にはプラスになるかもしれない(ハミルトンの法則)。オオカミは遺伝情報の存続にとても配慮しているので、きょうだいの養育にも当てはまる。結局はきょうだいも部分的に同じ遺伝子を持っているから。

人間の家族と同じく、故郷から遠く離れる冒険家もいれば、わが家より居候を好むオオカミもいる。カサノヴァのように家族から家族へと渡り歩くプレイボーイもそこに含まれる。

大ざっぱにいうと、食料が少なく家族の数が多ければ、家を出るオオカミの数はそれだけ多くなる。その場合、ほかの群れの領地ではない、自分に合った地域を見つけなくてはならない。

よくある状況としては、二歳ないし三歳の雄が家を出てパートナーの雌に出会い、独立の家族を築く。ただし、そうなるまでの生活も楽なものではない。厳しい社会競争に支配され、初春の交尾期にはオオカミどうしの攻撃性が最高に高まる。

一九世紀半ばにドイツのオオカミは姿を消し、それ以降、東欧から単独で何度も入ってきたが、例外なく殺された。ドイツ民主共和国（東ドイツ）が建国されると、東独におけるオオカミ猟は年間を通して許可された。それでも、死の国境を越えて生き延びるオオカミは時折いたらしい。ベルリンの壁が崩壊して一九九〇年にドイツが再統一されると、オオカミは自由に西側に移住できるようになり、全国的に保護された。二〇〇〇年に初の赤ちゃんが誕生して以来、わが国は公式にオオカミ棲息国となっている。

ドイツのオオカミは東方から、フランスにはイタリアのアペニン山脈から移住した。西ヨーロッパのその他の地域に棲息するのは、スペイン、スイス、オーストリアのオオカミである。

オオカミの移動する距離は、個々のオオカミの相違と同じくらい差がある。隣接地区やもよりの群れに移るものもいれば、数百キロ移動するものもいる。故郷の縄張りの境界のはるか彼方まで行く真のパイオニアだっているのだ。

長距離を移動するオオカミを追跡できるようになったのは、GPS内蔵の首輪が導入されてからのこと。移動が近距離の場合は直線距離で算出されるが、オオカミがまっすぐに進むことはめったにない。たいていあちこちうろついたり、場合によっては一カ所にしばらくとどまったりする。なかには驚くべき距離を移動するものもいる。GPS追跡首輪をつけたミネソタのあるオオカミは四二五一キロを移動し、そのうちほぼまっすぐに進んだのは四九八キロだった。

放浪する捕食動物は困難な障害をいくつも克服し、近道をとることもある。また、犬類は凍結した湖や海を長距離歩くことができるので、フィンランドからスウェーデンに移動したオオカミは、冬季にバルト海を渡ったと考えられている（一五〇キロ）。

遠方に移動するオオカミは、明らかな意図を持って移動しているが、一定距離を進むつもりなのか、それとも特別な環境を探しているのかは明らかにされていない。故郷の地域でつがう相手が見つからなかったので、どこかに定住するまでさすらうのかもしれない。

だが、個々のオオカミが長距離を放浪する性質をもともと持っていることもある。〝かたあし〟もそうだ。

彼は有名なドルイドのリーダー、ナンバー21の息子で、二〇〇〇年春に生まれた二一匹の赤ちゃんに含まれていた。この名前をつけたのは、若いうちにシカ狩りで後ろ脚を踏まれて骨折したからだった。後ろ脚は完全に治癒することはなかったが、それでも二歳になると、かなりの距離を放浪した。

かたあしは恐れることを知らないオオカミだった。イエローストーンではオオカミの棲息に適した場所はすべてほかの群れに使用されていたので、南下してユタ州に入り、そこで罠にかかった。足を引きずるオオカミは、たったの四週間で三二〇キロを移動したことになる。そこからイエローストーンへの帰路は、心地よい生物学用輸送箱のなかだった。群れが彼を再び受け入れるかどうか心配だったが、杞憂だったらしい。罠で前足を負傷したため二重に足を引きずる〝失われた息子〟を、家族は歓迎した。ハンディキャップにもかかわらず、彼は帰郷後いくらもしないうちにライバルを縄張りから追い出し、完全に本来の任務に戻った。生涯持ち続けたハンディキャップと真っ黒な毛皮のおかげで、家族のなかから彼を見分けるのはたやすい。放浪によって彼は有名になり、多数の観光客がユタ州から〝私たちの〟オオカミを見るためにイエローストーンを訪れた。彼の個性、赤ちゃんの世話をする熱心さ、シカ狩りのようす、出産用洞穴をクマから守る戦い……こうしたことが人々の心を動かしたのだろう。彼は、多数の健康なオオカミたちがする以上のことを群れのために果たした。

群れを去ったオオカミには、家族を築く可能性がいろいろとあるが、そのためにはパートナー、食料、ほかの群れに属さない地域を必要とする。

すでに縄張りである地域であれば、そこに棲むオオカミを追い払うか殺すかしなければならないので、危険を伴う。負傷する、または逆に殺される可能性もあるからだ。

あるいは、カサノヴァのように知らないオオカミ家族のなかにパートナーを見つけて、すでに存在する群れに入るという方法もある。ただし、交尾期に雄リーダーのライバルとならない場合にのみ受け入れてもらえる。あるいは、すでにある縄張りの辺縁部に行き、人生のパートナーを見つける。

いちばんいいのは、オオカミのいない新しい領域を発見すること。ポーランドからドイツに移住した最初のオオカミの動機もそこにあったのだろう。だが、危険を冒して国境を越えた彼らが〝再定住〟することはなかった。

オオカミ猟が許可されている地域は特定の群れが棲んでいないため、移住者は棲みつきやすい。ある地域でオオカミ猟が禁止されると、数年でオオカミの数がもとに戻るのは珍しいことではない。

長年にわたってオオカミの観察を続けると、ときどき驚かされるのを覚悟しなければなるまい。二〇〇二年一二月に二〇匹からなる群れがそっくり消えたときもそうだった。

オオカミの群れが消えるなんて、ほんとうにあるの？　どのくらい頻繁にあることなの？　イエローストーンのネズ＝パース・オオカミの群れは、二年のあいだに二度も消えた。といっても、しばらくのあいだまったく姿を見せなかったということだ。

だが、二〇匹からなる群れがそう簡単に姿を消せるものだろうか。科学者たちは飛行機で空から、または陸から数時間かけていなくなった群れを捜索したが、成果はなかった。ネズ＝パースはふつうイエローストーン中心地区で生活しているが、見ることも探知もできなかった。おそらくふだんの縄張りの外にいると思われた。

群れのなかの六匹は電波発信機付首輪をつけているので、だいたいの滞在地がわかれば無線で追跡することができるが、そうしたヒントがなくては首輪があっても何の助けにもならない。だれかがオオカミを見つけて生物学者に報告してくれることを願うしかない。

ネズ＝パースはもともと冒険的なオオカミの群れで、二〇〇一年秋にイエローストーンから姿を消し、約二〇〇キロ離れたアイダホ州東部で再び現れた。犬を一匹殺して数日間世間を騒がせたのちにイエローストーンに戻り、公園の北部地域に定着した。それから一年強が経過し、彼らはまたしても姿を消した。科学者はその理由を探し求めた。

ネズ＝パースの最後の所在地は、ほかの三つの群れの縄張りと重なっている。そのうえシカやバイソンの数が減り、場所が狭くなるとともに食料が不足した可能性もある。だが、再び移住するきっかけとなったのは何か？　どこに行ったのか？

面積九〇〇〇平方キロメートルのイエローストーン国立公園では、十分な面積と食料を提供できる利用可能な地域はすべてオオカミに利用されている。ネズ＝パースの群れが見つかれば、これまで知られていなかったオオカミの縄張りを発見できるのではないか、と科学者たちは望んでいた。

待ったり探したりして三週間が過ぎたが、彼らの形跡は見つからない。二〇匹のオオカミをふいに失うなんて、ばかなことを……と、科学者たちは軽く嘲弄された。

ついに救いの報告があったのは二〇〇三年一月二八日で、オオカミの群れは、ワイオミング州ジャクソン市のナショナル・エルク保護区で見つかった。イエローストーン国立公園と隣接するグランド・ティトン国立公園のなかだ。

生物学者はすぐにそのことに思いいたってもよかったはずだった。毎年冬になると、何千頭ものシカがこの保護区に移動する。ここでは、古いしきたりと観光客へのアトラクションとして、シカに餌を与えているからだ。オオカミがこの楽園を最初に発見したのは一九九九年だが、ネズ＝パースも風の便りにそのことを知って移動したのだろう。というのも、彼らが保護区の中心部にいるところを飛行機が発見したからだ。暖冬のため森林警備員はまだシカに餌を与えておらず、ネズ＝パースはシカの一群の中心部にいた。シカが殺されたとしても、彼らを責めることはできまい。

それから二カ月後の冬の終わりに、彼らは何ごともなかったようにイエローストーンの故郷に戻った。

オオカミの移動についてはすでに数えきれないほどの研究が行なわれたが、交尾や食料でないとすると、ほかにどんな理由があるかということは、いまだに謎となっている。これを解くために追跡用首輪が使われているが、私は完全には賛成できない。たとえば特定のオオカミが人間や家畜に意図的に近づいていることを証明する場合、犯行者の正体を突き止められるので有益だと思う。また、イエローストーンでもオオカミをすばやく見つけるために首輪が発する周波数を利用している。それでもなお、重いバッテリーのついたかさばる装置は動物の邪魔になり、行動を妨げるのではないか、と考えている。装置をつけることに抵抗するオオカミもいて、うっとうしい付属物をたがいに嚙み切ろうとするところを、私は少なくとも三つの群れで何度か目にした。

このような拒否に対して、科学者たちは首輪にはめ込むスチール製装置を開発したが、これも嚙み壊されると、装置に棘をつけた。これではやりすぎなのではないだろうか。オオカミなど科学調査の対象となる動物たちに、どれだけの敬意と威厳を認めるのか。私たちが受け取る情報は、野生動物の生活にダメージを与えるだけの価値があるのか。もしそうだとすると、どのくらいの数の動物や情報を必要とするのか。また、それらは最終的に動物たちの役に立つのか。

長距離を移動するオオカミとその理由に話を戻すが、これまでに私の得た知識によると、冒険好きなオオカミは存在する。生物学的または科学的な根拠なしに、ただ旅が好きなオオカミ。彼らのモットーは「地平線の向こうに何があるか、ちょっと行って見てこよう」というもの。

何もかも説明しなくても、ときには目を開いたまま心の声を聞くだけで十分なのではないだろうか。私がそう考えるのは、心の内では私も冒険好きで、放浪するオオカミたちの気持ちになって考えられるからかもしれない。

本章の冒頭で触れたドイツ・オオカミのアランは、ロシアから最後のシグナルを発したのち行方をくらまし、その後探知されることはなかった。新しい故郷でパートナーを見つけて家族を築いたのではないか、と考えたい。いつの日か、子どもたちといっしょに故郷に帰ってくるかもしれない。

親友ともいえるもの
相違はあっても完璧なチームはできる

それでもなお、私を満たしてくれるものはたくさんある。植物、動物、雲、昼と夜、人々のなかの永遠。おのれに対して不確かな気持ちになればなるほど、あらゆるものと結ばれているという感情は大きくなる。

——カール・グスタフ・ユング（スイスの精神科医・心理学者）

オオカミ好きの人によくあるように、私ももともと犬が好きだった。私は、外見がオオカミによく似たジャーマン・シェパード・ドッグのアクセルといっしょに育った。番犬として訓練を受けたアクセルは私のボディガードだったが、何よりもまず遊び相手であり、いちばんの親友だった。私はよく犬小屋にもぐり込んで添い寝したものだった。大人になってからも、犬のいない生活は考えられなかった。

親友としての人間と犬。ぜんぜん違う二つの生物の社会的および感情的な近さは特別ではあっても、唯一のものではない。

オオカミとのつきあいが長くなるにつれ、いっそう深く彼らに驚かされる。とくにほかの種類の動物と彼らの関係がそうで、カラスとの数千年にわたる友好関係もそこに含まれる。種類はまったく違うけれども、どちらも高い知性と家族意識を持つ社会的動物。彼らは仕事だけでなく、悪評も分かち合っている。

かつては、オオカミが交流するのは同種の動物だけだと考えられていたが、それは大きな誤りだ。カラスとオオカミは似ても似つかないのに、緊密に結びついている。

イエローストーンにおけるオオカミ・ツアーでオオカミを探すとき、私はツアー客に次のようなヒントを与える。

「シカの行動をよく観察してください。草地に寝そべってのんびりと草を食べていたら、近くにオオカミはいません。くっつき合うようにして立ち、同じ方向を見ていたら、オオカミか、ほかの大型捕食動物が接近中と考えられます」
つまり、直接オオカミを探すのではなく、周囲一帯に注意を払う。とくに重要なのは餌動物の行動だ。

あるヒントに対して、ツアー客はいつも「え？」という顔をする。

「オオカミを探す人は、かならず空を見ること」

と言いながら、私はラマー・ヴァレー上空の、無数のカラスが飛び立ち、再び舞い降りていく場所を指す。あそこの草地にはシカの死骸がある。

「何が起きるか、待ってみましょう」

死骸はまだ手つかずの状態で、毛皮と皮膚が厚くてカラスのくちばしでは切り開けないので、助けがいる。そのうえ、この厚かましい鳥は新奇性恐怖症を持つ。つまり新しいものが怖いので、シカの死骸におそるおそるとしか近寄らない。いらいらと地面を跳ねて死骸に近寄り、飛び上がって翼を打ちつけ、すばやくくちばしでつつくと、再び跳ねながら遠ざかる。黒いスーツ姿の彼らは、気取ってせわしなく飛びまわる。死骸は無害だとわかって、一羽の老カラスが降り立つまでそれは続く。こうして〝死亡確認〟がすむと、一羽が鳴き始め、これを合図に全部隊が飛びかかる。

たいてい長く待つことはない。警報が効き目をあらわし、すぐにオオカミ数匹が森からやってきてシカの身体をすばやく嚙み裂く。カラスの群れにとっては大歓迎だ。

実験により判明したことだが、カラスは人間が外に置いたシカの死骸には触れない。しかし、オオカミがしとめた獲物にはすぐに食らいつく。オオカミも、自分たちで噛み裂いた獲物以外の死骸には慎重で、触れないことが多い。つまり、カラスとオオカミはたがいに信頼しているわけだ。人間は昔、毒を盛った肉を戸外に置いて狩りのライバルとなる迷惑な動物を片づけたが、その記憶がカラスやオオカミの遺伝子に残っているのかもしれない。

この関係のポイントは、信頼にある。カラス研究家ベルント・ハインリヒは、「遺伝子固定」の可能性もある、と説明している。オオカミとカラスは数百万年にわたっていっしょに発展した。餌の存在を知らせるカラスの鳴き声は、最初はいらだちの叫びだったのかもしれない。助けがなければ動物の死骸を切り開くことはできないから。たまたま来合わせたオオカミが、カラスが鳴くのは死んだ動物を見つけたから、ということを覚えたのだろうか。カラスのほうも、甲高い声をあげ続ければ、オオカミがやってきて助けてくれる、ということを……。

カラスとオオカミを観察すると、大型の犬類に対するカラスの行動は、キツネやコヨーテの場合と違っていることがわかる。二種の動物のあいだにはある程度の知識と寛容さが存在し、双方がそこから利を得ているらしい。オオカミが狩りに成功した場合、八〇パーセントはカラスが同伴し、上方を飛行するか、あるいは近くで狩りが終わるのを待っている。コヨーテの狩りの場合の同伴率は三パーセント。つまり、カラスはコヨーテとオオカミを意識的に区別している。シカが豊潤な食事に変わるためにはオオカミを必要とするから、大型捕食動物のそばにとどまる。オオカミが狩りに出るとき、眠っているとき、じゃれ合っているとき……カラスはいつもそばにいる。

オオカミが狩りの出発を告げて遠吠えすると、羽を持つ同行者は興奮する……私の飼っているラブラドール・レトリーバーがフードボウルの音に興奮するように。カラスの観点からいうと、オオカミの遠吠えは食卓の準備を意味するのだ。

オオカミが餌動物を噛み裂くと、豪華な食事が始まる。そのさい、カラスは臆することなく四本脚動物に混じって食料を失敬する。オオカミたちは肉を食うことに余念がなく、煩わしい泥棒をときどきさっと口ではさもうとするが、食事を中断することはない。

オオカミは大急ぎでできるだけたくさんの肉をのみ込む。そうしなければ、翌朝には何も残っていないだろう。カラス一羽でも最大一キロの肉を平らげるし、のちのために一部を隠すこともある。獲物を一頭しとめると、平均二九羽のカラスが寄ってくるので、合計すると相当な量の肉となる。

オオカミが群れで狩りをする理由の一つはここにある。獲物として大型動物をしとめるから、と思われがちだが、じつはそうではなく、食事を横取りするチャンスをライバルに与えないためだ。そうしなければ、子どもたちに十分な餌が残らない。

オオカミが食後の睡眠をとり始めると、コヨーテ、カササギ、ワシなどの腐肉食動物が死骸をむさぼる。このようにして大型動物の死骸も数時間で完全に食いつくされる。オオカミは一日五キロの肉を必要とする、というのは誤りで、一つの死骸によって一五種類以上の生物が賄われることが考慮されていない。こうしたことから、オオカミが実際に食べる量は一日一・五ないし二キロと考えられる。

ラマー・ヴァレーに転がる動物の死骸のところで、いま本格的な宝探しゲームが始まる。カラスはオオカミのすることをよく観察し、一匹が土のなかに肉を埋めているとき、カラスはすぐ横でじっと見ている。オオカミが去るやいなや獲物をすばやく掘り起こし、木の高い部分に貯蔵する。この点では、鳥は明らかにオオカミより一枚上なのだ。

そこへライバルが登場する。まっしぐらに獲物に向かってくるのは、最初のハイイログマだ。オオカミたちは大あわてで肉をのみ込んでから退却し、クマから数メートル離れた草のなかに身を沈める。夏のイエローストーンでは、オオカミが獲物をしとめると、いくらもしないうちにクマが来て横取りする。クマに対してイヌ科は手も足も出ない。ライバルがじきに満腹することを願いながら待つしかない。

ハイイログマは死骸に乗っかって四肢を伸ばし、のんびりと数時間を過ごす。そのあいだに約二〇羽のカラスが肉の切れ端をくすねる試みをくり返す。オオカミたちが恭しく距離を保っている一方で、クマはうっとうしい鳥を追い払わなければならない。いらいらと前足を思いきり振って叩こうとするようすは、サシバエと戦う人間に似ている。

観察して学び、結論を出す。先史時代に人間がカラスやオオカミに出会ったのも、こんなふうだったのではないだろうか。食料を求める原始人は、あらゆる動物に餌を提供してくれるオオカミを視野に入れていた。オオカミを探す手助けをしたのは、カラスだったのかもしれない。

数千年前の北欧神話にある戦争の神オーディンは、二羽のカラス——フギン（思考）とムニン（記憶）——、それと二匹のオオカミ——ゲリ（貪欲なもの）とフレキ（むさぼり食うもの）——を連れて戦場に出かけた。彼らが戦死者の身体を食べ、魂はワルキューレによってヴァルハラに運ばれた。ヒトとオオカミとカラスからなる群れ。オーディン神話はかつての人類における強力な狩猟文化を描写しているのではないか、とベルント・ハインリヒは自問している。これはやがて農耕と牧畜に移行した。

カナダおよびアラスカの原住民に属する氏族の多くは、強い結びつきを感じる動物の名を持っている。オオカミ族あるいはカラス族に属していると感じる人は、その動物を人間文化の基本的構成部分と考えている。カラスは現在も〝オオカミの目〟といわれるが、彼らは高い木の枝から危険をいちはやく認識できる。独特のしわがれ声でカラスどうしはもとより、オオカミとも理解し合っている。

カラスは二五〇種類の音声を持ち、その一部をオオカミも理解するらしい。つまり一種の共通〝言語〟を持つわけで、カラスが「餌を見つけたよ」と叫ぶと、オオカミは動物の死骸または負傷した動物に注意する。「危険がやってくる」という緊急の叫びは、クマかピューマがオオカミの洞穴に近づいてくるということだ。そのおかげで、オオカミは赤ちゃんを危険から遠ざける時間が稼げる。

ドイツ人オオカミ研究家のギュンター・ブロッホは、動物の死骸を発見したさいにオオカミとカラスが協働するようすをカナダのバンフ国立公園で観察した。オオカミは、のたれ死にしたシカに近づく前に、カラスに周囲を徹底的に偵察させて安全確認をとり、カラスの態度を子細に観察している。

カラスもオオカミも、邪魔が入った場合や逃亡の可能性を計算に入れているのがわかる。望みもしないライバルが接近するまでどれだけ時間があるかということを、彼らは知っている。

人間やクマなどが接近して危険を感じたとき、オオカミとカラスの逃げかたやルートにはいくつものバリエーションがある。最初の数メートルはあわててすばやく逃げ、それから森林地帯など、なじみがあって隠れ場所を見つけやすい領域に向かう。

カラスはすぐそばの樹木のてっぺんにとまって待つこともある。一方のオオカミは、招かれざる客を森のへりからいぶかしげに眺めている。危険が去るまで待つのは、効果的な戦略でもある。いずれにせよエネルギー効率は高い。

カラスの知性は、チンパンジーのそれと比較できる。カラスのずる賢さについては、毎冬イエローストーンで体験させられる。スノーモービルのサドルバッグについた面ファスナーをくちばしで巧みに開いて、なかのものを失敬するのだ。いまでは、スノーモービルから目を離さないよう、国立公園の管理人が観光客に注意を促している。

ラマー・ヴァレーの死骸の周囲は再び穏やかになった。まるまると太ったハイイログマは立ち去り、オオカミたちは草の上に寝そべって小さな肉片をかじっている。カラスは手持ち無沙汰らしく、オオカミを怒らせるというお気に入りのゲームを始めた。二羽のカラスがチームを組み、やや離れた場所に寝そべって小さな肉片を食べているオオカミにちょっかいを出す。地面をぴょんぴょんと跳ねて接近し、肉をくちばしでつつこうとするので、オオカミも落ち着いていられない。すると、一羽が背後から跳ね寄ってオオカミの尻尾を引っ張る。彼が後ろを向いたとき、もう一羽が待望の肉片を拾い上げて飛び去った。

ある冬のこと、最高のショーに出会った。動物の死骸に多数のカラス、コヨーテ、ハクトウワシが群がって食べている。コヨーテはたびたびカラスを追い払おうとしたが、やがて肉の塊をくわえて死骸を離れた。脇で落ち着いて食べるつもりらしい。一羽のカラスがあとを追い、何度も尻尾を引っ張ったので、コヨーテはとうとう邪魔者のほうを振り向いた。くわえていた肉が口から離れる。その瞬間にワシが降下して肉をかすめ取ったのだ。そのときのコヨーテの表情は憤慨と狼狽の混じったもので、たまたまいっしょにいたナショナルジオグラフィックの動物写真家ボブ・ランディスがビデオに収めた。

カラスが四本脚の仲間を怒らせる戦術はうまく計算されている。捕食動物のボディランゲージを知っているので、相手によって違った反応をする。明らかに支配者的態度のオオカミはカラスに腹を立てることはないが、低頭して死骸に接近するしかないカラスのほうは、急降下してくちばしでオオカミを攻撃することもある。どのオオカミなら悪い態度をとっても大丈夫か、ということをカラスは知っているのだろう。

カラスとオオカミのあいだの信頼関係は、子ども時代から始まるらしい。ベルント・ハインリヒは描写している。「カラスはオオカミにとってペットのようなもの。いっしょに狩りに出かけて交流し、どこまでしていいかをたがいにテストしている」。オオカミの巣穴を直接見下ろせるほど近くにカラスが巣をつくり、毎年そこに再構築することはよくある。カラスとオオカミの子どもたちのユニークな性格づけと社会化のプロセスはそこで始まり、継続的な関係につながる。

オオカミの赤ちゃんがまだ巣穴のなかにいるころ、早くも大人のカラスは入口に近寄っておもしろそうになかをのぞき込む。カラス家族のほかのメンバーは、オオカミの糞や骨の残りをつついては巣に運ぶ。

最初に飛べるようになったカラスの子どもたちも、オオカミの巣穴から遠くに行くことはない。家族みんなで何らかの動きを待っているように見える。巣穴から出てくるオオカミの赤ちゃんとか、大人のオオカミが餌を持ってくるところとかを。

生後三週間から四週間すると、オオカミの赤ちゃんはときどき転びながら巣穴の外に出てくる――カラスたちにじっと見守られて。オオカミの子どもたちがまず学ぶのは、おとうさん、おばさん、おじさん、きょうだいなど、群れに属する家族メンバーだ。次が〝専属〟カラス団で、これより先は、オオカミの子どもたちはいつもカラスといっしょに過ごす。カラスを見るだけでなく、羽根のにおいを脳に記憶する。

オオカミの子どもたちとカラスが毎日何度も会うと、まもなくいっしょに動きまわるようになる。

いっしょに遊び、相手の餌を取り合い、襲撃ごっこの訓練をする。オオカミの赤ちゃんにくらべるとカラスのほうがまだ優位にあるので、毛皮をつまむ、尻尾を引っ張る、ちょっと追い払う、といったいたずらは日常茶飯事といってもいい。大きなくちばしでオオカミの赤ちゃんを傷つけることもできるが、たいていはとてもやさしくふるまっている。オオカミの子どもたちにどのくらい接近できるか、相手はどのくらいすばやく動けるか、といったことをテストしているように見える。

のちに役割は逆になり、追われ役だった子オオカミは追う側になる。カラスが近づいてくると、子オオカミは忍び寄って飛びかかる。こうしてカラスとオオカミは親しくなっていく。

カラスはオオカミにとって警報装置であり、いっしょに餌をつつく邪魔者であり、子どもの遊び相手であるとともに、巣穴周辺地域の〝清掃チーム〟でもある。カラスはオオカミの糞を食べる。大人のオオカミの糞には、消化されずに排泄された骨や毛が含まれている。カラスはそれをつついておいしい部分を取り、子オオカミの糞は残らず食べる。

大人のオオカミが狩りから洞穴に戻り、前消化した餌を子どもたちのために吐き出すとき、カラスは機を利用して未熟な子どもたちから肉をくすねようとする。嚙み砕いた温かい食事を期待して、獲物の死骸から洞穴までオオカミを追うものもいる。

捕食動物が大人になってからも、羽毛を持つ側近たちの厚かましさは衰えない。眠っているオオカミの尻尾や前脚をつついて怒らせるところを、よく見かける。いらいらしたオオカミはたいてい立ち上がり、別の場所に横たわる。カラスはちょっかいを出すことで個々のオオカミの行動や寛容さの限界を知るようになる。四本脚生物がカラスを殺すのは、ほんとうに極端なケースに限られる。

一度、心を動かされるシーンを目にしたことがある。獲物の死骸を食べたのち、ラマー・オオカミの群れは雪の上に寝そべってシエスタをとっていた。ふと見ると、ある雌オオカミの前脚のあいだにカラスの死骸がある。だれに殺され、どうやってそこに来たのかはわからない。群れが出発するとき、雌オオカミはカラスを川に運び、氷の上に置いた。カラスはゆっくりと水にすべり落ちる。それを見ていた彼女は、驚いたことに水にもぐり、カラスを口にくわえてもどってきた。どうするのかと見ていると、どうやら隠し場所を探しているらしい。やがて小さな雪洞を見つけてカラスをそこに置き、鼻で雪を押し込んで入口をふさいでから家族のあとを追って歩き出した。〝友〟を埋葬したように見えた。

自然界では、種類の違う動物たちがたがいにメリットを得ていっしょに暮らし、友情を築くことができる。ところが人間は、同じ種類の生物でも出身地や皮膚の色が違うと仲よくできないことがあるのは、なぜだろう。カラスは、完璧な一体化の例といえるだろう。

オオカミ式
成功プランニング
計画が重要なのはなぜ？

成功のためのレシピはないが、唯一の方法は、人生と人生がもたらすものすべてを無条件に受け入れること。

——アルトゥール・ルービンシュタイン（ポーランド出身のピアニスト）

少年オオカミには大きなプランがある。生まれて初めてたった一人で狩りに行くつもり。両親は何カ月も前から準備にあたり、音をたててはいけないのはいつか、どのように忍び寄り、群れのなかの弱い動物を見きわめ、いつ駆け寄ってどのように殺すか、といったことを教えてきた。また、いっしょに狩りに出かけるとき、少年は大人のようすをじっくりと観察し、すでに何度かウサギをしとめたこともある。その日、一歳の少年オオカミはやる気満々だった。

ややぎこちない動きでゆっくりと獲物に接近していく。だが、獲物となるべき動物はアメリカアカシカではなく、穏やかに草を食む、体重七〇〇キロもあるバイソンの雄であることを、彼は知らない。慎重に前進し、獲物の後部から五〇センチのところで止まる。バイソンは別の方向に目を向け、ストーカーにはまだ気づいていない。

少年はとまどった。獲物に忍び寄ったものの、これからどうしていいかわからないらしい。洞穴地域をちらりと見たが、助っ人になりそうな家族はいない。ということは、まずはここに立って待つほかあるまい。

少年の身体が動いたのか、においを感じ取ったのか、バイソンは大きな頭をゆっくりと後ろに振り、少年オオカミを見た。だが、少しも動じることなく再び前を向いて草を食み始めた。すると、一匹のハエが邪魔になったのでバイソンは尾を振ったところ、少年オオカミの顔すれすれに達した。少年は仰天して後ろ脚で一回転すると、尻尾を巻いて退却した。

毛むくじゃらの巨大なバイソンに立ち向かう方法を、彼はまだ習っていない。練習やゲームをたくさんして、経験豊富な老オオカミを常に観察することにより、数カ月かけて狩りの技術を磨き上げていく。最初のうちは何度か失敗したものの、数年後には優れたハンターとなり、独立した群れのリーダーとなった。

イエローストーンのラマー・ヴァレーは、オオカミと餌動物の相互作用を観察する理想的な場所だ。冬になって雪が積もると、餌動物たちはグレーのハンターの待つ谷に入っていく。

私は狩りのシーンを数えきれないほど目撃した。単独の雌オオカミが激流のなかでアメリカアカシカを襲うところや、群れ全体で俊足のプロングホーンを追いかけるようすを見たし、三七匹（！）のオオカミによるシカ狩りでは、観察者全員が息をのんだ。オオカミの持つサバイバル能力、粘り強さ、頑強さは、人間のそれよりはるかに勝っている。彼らは周辺の状況や対象となる動物によって、そのつど戦術を適応させなければならない。彼らばかりでなく、餌動物も土地を知りつくしているし、好んで過ごす場所がある。オオカミが狩りに出るときは、そうした場所を狙う。狩りの戦術は、生活空間および両親を中心とする家族文化によって違う。彼らは狩りの技術を親から学び、再び子どもたちに伝える。そのほか天気状況（高く積もった雪など）、餌動物の防衛戦略といったことも、狩りの結果を左右する。

彼らは軍隊と同様に狩りの計画をたてる。構想なしに獲物を追いかければ、エネルギーのロスになるばかりか危険でもある。そのため、リスク評価は重要な要素となる。なんといっても、殺されることなく相手を殺さなければならない。

そのため、オオカミは獲物をじっくりと観察する。大きな群れのなかのたったの一匹だとしても、かすかな変化すら見逃さない。片足を引きずる、あえぐ、といった、私たちが感じ取らないことも、彼らは看取する。

ウルフパークの研究用囲い地における実習で、私は彼らの感覚を感じ取った。ウルフパークには複数のオオカミの群れのほかにバイソンの小さな群れがいて、ツアー客訪問日の日曜日になると、オオカミたちがバイソンの群れに誘導される。当然のことながら、いあわせるのは健康なバイソンだけなので、ふつうこの出会いはなんの変哲もなく進行する。訪問客の危惧に反して流血は起こらない。オオカミたちは攻撃するポイントを探しながらバイソンの周囲を一、二度まわる。だが、そこにいるのは健康でたくましい草食動物ばかりで、彼らにチャンスはない。オオカミはゆっくりと去っていく。

彼らの狩りの行動は生来の本能で、数世代にわたって囲い地で生活しても失われることはない。オオカミが狩りに成功するかに思われたことが一度だけある。彼らは三〇分近くも一匹のバイソンの周囲をまわり、何度も攻撃をしかけたのだ。それから一週間後にそのバイソンが肺炎にかかったとき、オオカミたちは弱点をすでに知っていたらしいと判明した。

常に目を光らせることによって、肉体的な欠陥ばかりでなく、獲物になりそうな個体の精神状態にも注意が向けられている。オオカミに長く凝視されることに耐えられない餌動物もいるらしく、群れから離れて逃げ出す場合もあるが、それは死につながりかねない。

イエローストーンにおけるオオカミの餌動物は、ワピチと呼ばれるアメリカアカシカが最も多い。*オオカミ家族全員の数日分の食料を提供するうえ、バイソンほど危険ではない。シンリンオオカミの体重は五〇ないし七〇キロで、シカの雄は約三五〇キロ、雌は約二七〇キロ、仔ジカは一〇〇キロ、バイソンは一トン近くもある。

*ドイツにおけるオオカミの主要餌動物はアカシカ、ノロジカ、イノシシ。

自分より六倍も大きい相手と戦うなんて、考えられるだろうか。オオカミがワピチの雄に襲いかかるのは、まさにそれなのだ。賢明な戦術がなければどうにもならない。それは、選んだ獲物を観察し、忍び寄り、テストしてから襲いかかること。丘の向こうをのぞき見るためにオオカミが野ウサギのように後ろ脚だけで立っているところや、藪のなかまたは石の陰に隠れて獲物を待ち伏せるようすを見たこともある。夏になると、大草原地帯の高い草のなかに腹這いになり、獲物に接近する。オオカミはネコのように、一歩踏み出すごとに動きを完全に止めることができるのだ。シカが自分のほうを見たら、静止して動かずに視線がそれるのを待つ。狩りを開始する前に気づかれずにできるだけ獲物に接近する、をモットーとして。

襲われると、シカは反射的に逃げ出す。群れが密集してまとまっている場合、二〇秒から三〇秒でオオカミは興味をなくす。群れが分かれた場合には、だいたい決まって小さいほうのグループを追う。オオカミの所帯が大きければ、分かれてそれぞれ別のシカのグループを狩り立てる。オオカミの狩りは、はた目には無計画のように見えるかもしれないが、そうではない。彼らが注意を払うのは餌動物の弱点のしるしだけではない。じつは仲間のようすを常に観察している。コミュニケーションを絶やさないおかげで、彼らは多数の獲物候補をすばやく効果的にチェックすることができる。シカの群れを追いかけて、最後に一匹か二匹になれば、成功はすぐそこにある。

生後数日ないし数週間の仔ジカを襲う場合、狩り立てることはまずない。すばやく前に出て仔ジカにつかみかかり、母親から引き離す。このとき、雌ジカをなんとかしなければ獲物に近寄れないが、当然のことながら子どもを守るために激しく抵抗してくる。

逃げようとするシカの前後は非常に危険で、鋭い蹄《ひづめ》で蹴られれば重傷を負いかねない。そのため、たいてい追跡は二匹以上で行ない、シカと並走しながら後ろ脚を狙う。餌動物を傷つけ、出血させて弱める戦法で、喉にいきなり嚙みつくのは危険が大きい。仔ジカや小動物の場合には、喉を嚙んで絞め、窒息させる。

彼らが好んで使う方法に待ち伏せ戦術がある。一匹のオオカミが先に行って身を隠すと、ほかのメンバーがシカの群れをその方向に狩り立てる。最後の瞬間に隠れていたオオカミが飛び出して、獲物を襲う。

だが、餌動物のほうも護身は心得ている。冬の終わりの、寒さと前倒しぎみの発情期のせいで体力が弱っているとき、シカの雄は逃げる代わりに攻撃者に立ち向かう。そうなると、オオカミは角や蹄を避けなければならない。

雌ジカは水のなかに逃げることが多い。脚が長いので有利に立ちまわれるが、泳ぎながら獲物をしとめるオオカミもいる。シーウルフの得意技がそうだった。

五匹のオオカミが雌ジカを追いかけるようすを夢中になって観察したことがある。谷の平原で草を食んでいたシカがふいに顔を上げたとき、私は初めて気がついた。シカはヤマヨモギの茂みのなかを接近してくる何かを凝視している。オオカミだ。目の前で展開されているのは、数百万年にわたって行なわれてきた、シカとオオカミによる〝死の舞踏〟。攻撃者と獲物の慎重に演出された儀式。彼らの一連の行為は、予言できるものだ。探して接近し、観察して襲いかかり、殺す。雌ジカの動きも前もって予測できるし、次に何が起きるかもわかる。

シカの〝舞踏〟にはいろいろな種類があって、オオカミや熟練した観察者は、そこからシカの状態を知ることができる。強く健康なシカは、頭をやや後ろにそらして高く上げる。周囲を最もよく見わたせる格好だ。いくぶん大げさな感じのする軽い足取りは、雨のなかでステップを踏むフレッド・アステアにも似ている。ぎこちなく四本脚でジャンプするシカもいる。チアリーダーが強がって、「捕まったりしないわ」と挑発しているような感じだろうか。

獲物の〝舞踏〟を見れば、しとめるチャンスがどのくらいあるか、オオカミにはわかる。シカのほうは、行動能力があることを見せつけてから、攻撃者に挑み立つこともある。その場合、オオカミは鋭い蹄を恐れて後退する。

目の前にいる雌ジカは、頭を前方に伸ばした格好で勢いよく駆け出した。オオカミたちはいっせいにあとを追う。健康なシカは大きな歩幅でオオカミを引き離せるが、この雌ジカは健康ではない。すばやく追いついたオオカミがシカの横を走り、腹や首に襲いかかる。雌ジカは襲撃者を振り払い、前足で蹴りを入れる。一匹のオオカミに蹄が当たり、倒れて雪のなかを転がったが、再び立ち上がってシカを追う。数匹のオオカミがシカに食いついたまま離さない。獲物はつまずいて倒れた。喉に二匹、腹に一匹、後ろ脚に二匹が食らいついている。もう一度立ち上がろうとしたが、それが最後だった。

オオカミが大型動物を噛み裂くようすは美しいとはいえず、繊細な人々の目には向かない。このようなシーンを見るとき、私は餌を待っているオオカミの赤ちゃんのことを意識的に思い出す。

ある動物映画カメラマンによると、自然ドキュメンタリー映画では、視聴者への配慮から実際の殺害シーンをカットするそうだ。視聴者が受け取るのは、美化された映像であって狩りのほんとうのシーンではない。そのため、いきなりライブでそうしたシーンを見たときのショックはなおさらだ。仔ジカを殺したハイイログマに向かって石を投げるツアー客を見たこともある。

そのため、私はオオカミ・ツアーの前に説明会を開き、興味を持つ人々に心の準備をしてもらうことにしている。説明会では狩りのシーンを含む映画を上映する。映画が終わったとき、参加した女性の一人が憤慨して「こんなのが見たかったんじゃないわ。オオカミがシカを噛み裂くなんて！」と文句を言い、申し込みをキャンセルしたこともある。

自然はディズニー映画とは違う。そう思いたい気持ちはやまやまだけど。死はかならず流血を伴う恐ろしいもの。でも、私にとっては家畜の大量飼育や動物輸送のほうがはるかに残虐に思われる。オオカミの狩りは自然の一部であって、悪質でも残酷なものでもない。狩りが成功したのち、死骸の陰からオオカミの顔が現れる。くちびるから血をしたたらせた、疲れているけれど嬉しそうな顔。彼らはむさぼるように肉を食べ、巣穴で吐き出すと、子どもたちが残らず食べつくす。それを見ると、すべては意味があるということがわかる。〝血に飢えた殺害者〟は、じつは面倒見のいい父親なのだ。

オオカミは襲った動物をすべて殺すことができるのかというと、実際には狩りの八〇パーセントは失敗に終わり、オオカミの空腹は満たされない。食料事情が悪いときには、長期にわたってネズミ、モグラ、ビーバーなどを食べて過ごす。それに、オオカミはネコのように純粋な肉食ではなく、進化の過程で環境や多数の食料供給源に適応して、〝選択的肉食性雑食動物〟に変化した。つまり、おもな餌である大型有蹄動物のほかに死肉、魚、野菜やくだものも食べる。

カナダ西海岸地方にあるグレートベア・レインフォレストに棲むオオカミのように、ある食物に特化したものもある。このオオカミはサケを捕るが、ほとんど頭だけしか食べない。生物学者によると、彼らの嗜好には理由が二つある。一つは、魚の脳組織と眼組織には濃厚なドコサヘキサエン酸（DHA）が含まれることで、これは神経系の機能に重要なはたらきがある。それとともに、サケの頭だけを食べるのは、寄生生物から身を守るための、進化の過程で獲得した習性なのかもしれない。一部のサケは、犬類が中毒死する可能性のあるバクテリアを持つが、それは筋肉組織内に集中して存在し、頭にはほとんどいない。

そのほかカボチャを好むオオカミもいる。スペインでは収穫期にほとんどのカボチャがかじられていたため、農家が大変な損害を被った。

そして、真の日和見主義者であるオオカミは、なんの苦もなく殺せる動物がいれば、チャンスを逃さない。ここには、保護柵のない場所にいる羊や仔牛が含まれる。

オオカミは有能なハンターの象徴とされているのに、実際には彼らの身体は大型動物を殺すようにつくられていない。意外なことに思われるかもしれない。また、優れたチームワークと協力にもかかわらず狩りの成功率が低いことも意外なのではないだろうか。では、襲撃の大半が失敗に終わる原因は何だろう?

大型の餌動物を殺すにあたって、狩りを困難にする要素はいくつもある。オオカミは、大型ネコ科と違ってひと嚙みで獲物をしとめることができない。長い鼻は咀嚼《そしゃく》筋の力を弱め、犬歯や切歯は年とともに摩耗する。また、差し伸ばして使える鉤爪《かぎづめ》を持たず、前脚に強い筋肉がないので、ピューマやハイイログマのように獲物を押さえることができない。オオカミにあるのは走るための足と嚙むための顎だけなので、狩り立てて嚙みつき、負傷させて出血させ、獲物を疲弊させてから本格的に襲いかかるのがいちばん確実な方法となる。

協力し合って動物を狩るのもそのためだろう。各オオカミの持つ性質は、年齢、性別、社会的地位に応じて特別の役割を担う。オオカミの群れのなかで最良のハンターは二歳から三歳。同じ年のオオカミでは、一般的に身体の小さいもののほうがハンターとしては劣っている。はるかに大きい動物を殺すには、単純に身体の大きさがものを言う。獲物を倒すのは雄のほうに利がある一方、雌は動きが敏捷で狩り立てを得意とする。

そのほか、群れの大きさも大事な要素で、四匹のオオカミで戦えば、それ以下よりもチャンスは大きい。相手がシカの場合は違いはないが、バイソン狩りでは群れの数とともにメンバーどうしの協力が決定的役割を果たす。オオカミたちは一生かけて狩猟を訓練し、両親やほかの家族メンバーの狩猟を観察する。試みや失敗から学ぶものは大きい。

しとめる獲物の半分近くはいわゆる〝環境罠〟によるものだ。雌ジカが追跡者を撒くためによく使う戦略で川に入ったものの、水が浅かった場合、計算ミスをしたことになる。オオカミが付近にいるとき、シカは高い場所に登っていくことが多いが、それはオオカミにとって追跡が困難になるからだ。ワピチはオオカミが人間を避けるのを知っているので、道路に逃げることもよくある。だが、この戦術は環境罠に発展しやすい。オオカミは状況を心得ていて、観光客や車のある道路へシカを追いやることもある。獲物は完全に包囲され、このようなシーンでは観光客や写真家たちの目の前でワピチをしとめることもある。

食うものと食われるもの。

狩るものも狩られるものも、生存の方法を見つけなければならない。計画をそのつど再検討して、機能しない部分があれば変更や修正を加えることもそこに含まれる。

シカ狩りがオオカミにとって危険ならば、一トン近くあるバイソンを襲うのはいっそう危険を伴う。バイソンはシカやジャコウウシより厄介で、しとめるのが最も困難な餌動物といえる。バイソン狩りには体力ばかりか精神力も必要とする。これにぴったりの性質を持つのはモリー・オオカミの家族ではないだろうか。モリー家族が現れるたびに、私はウエスタン映画の、馬に乗って山の背にきれいに並んだ西部開拓者たちを思い出す。全盛期には二四匹の体格のいい黒いオオカミからなり、密集したフォーメーションで突進したものだった……ライバルの縄張りに入り込んだ不幸な犠牲者に向かって。

モリー・オオカミは、かつて縄張りだったラマー・ヴァレーを再びわがものにする試みを長いあいだくり返した。だが、十分な餌動物のいる優れた地域は、すべてほかのオオカミ家族に占領されている。そこで、モリーはペリカン・ヴァレーに移動した。ここは国立公園の奥に位置する観光客の入れない高原の谷で、春と夏には栄養のある植物が繁殖するため、シカやバイソンにとって楽園のような場所だ。オオカミやハイイログマにとっても餌が豊富なばかりか、周辺一帯に道路がないので、観光客に邪魔されることもない。ただし、冬は嵐や深い雪を伴う凍てつく寒さで、アメリカ大陸で最も過酷な気候となるため、シカや子連れの雌バイソンはラマー・ヴァレーに下る。残るのは厳しい気候に耐えられる頑丈な雄バイソンの小さな群れだけ。その多くは筋骨たくましく忍耐力のある老いたバイソンで、温泉の熱で雪が融けたために現れた乏しい草地で生き延びることができる。エネルギーを節約して体脂肪を蓄えるために、彼らはほとんど動かない。

オオカミにとっては身体の弱ったバイソンを倒すのですら大変な仕事なのだ。モリー・オオカミは、ペリカン・ヴァレーの冬の状況に慣れるのに数年を要した。餌動物と同様に彼らにとっても過酷な状況を強いられ、モリーはベテランのバイソン・ハンターとなった。彼らの比類ない技術は、高い知性があってのものだ。攻撃を受けたバイソンは、逃げずにその場にとどまる。それによって防衛はずっと有利になるので、オオカミにとってはありがたくない。バイソンは巨大な頭を攻撃者に向け、脇から接近すれば、すばやく向きを変える。彼らはグループで防衛するため、直接攻撃はできない。若者や雌を中央にして攻落不能の城塞を形成する。唯一の可能性は、深い雪のなかを一列に並んで移動するときだ。

狩りをするために、周囲一帯をうまく利用する必要がある。バイソンは食物を求めて丘に登る。雪が風で飛ばされたり熱で融けたりして地面があらわになった部分で、ここなら安全にとどまることができる。周囲にオオカミがいれば、高台の雪のない場所を離れず、貴重なエネルギーを失わないようじっとしている。捕食動物がそばにいない場合は、周辺を少し歩きまわることもある。ただ、丘と丘のあいだには雪が集中しているので、そこでは身を守るのは難しい。オオカミが狙うとすれば、その部分だ。

ペリカン・ヴァレーのモリー・オオカミは、五日から七日に一頭の割合で大型草食動物を殺す。イエローストーン・ウルフプロジェクトのリーダーを務める生物学者ダグ・スミスは、八匹のオオカミが雄バイソン一頭を攻撃するところをビデオに収めた。バイソンは、殺される前に体重五五キロの一〇カ月の雌オオカミを殺し、さらに二匹を角で捕らえて遠くまで投げ飛ばした。雌リーダーも傷を受

《土と微生物・地学の本》

土・牛・微生物

文明の衰退を食い止める土の話
D・モントゴメリー［著］片岡夏実［訳］
2700 円 + 税
文明の象徴である犂やトラクターを手放し、微生物の力で食糧・環境問題を解決に導く。土の健康と新しい農業の話。

闘う微生物

抗生物質と農薬の濫用から人体を守る
エミリー・モノッソン［著］小山重郎［訳］
2200 円 + 税
抗生物質と農薬による無差別攻撃に終止符を打ち、人体と土壌の微生物たちとの共生がもたらす福音を描く。

土と内臓　微生物がつくる世界

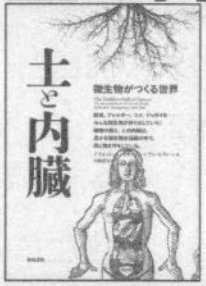

D・モントゴメリー＋ A・ビクレー［著］
片岡夏実［訳］ 2700 円 + 税
肥満、アレルギー、コメ、ジャガイモ——みんな微生物が作り出していた！　微生物理解によって、体への見方が変わる本。

日本の山と海岸

成り立ちから楽しむ自然景観
島津光夫［著］2400 円 + 税
北海道から沖縄まで、おもな景勝地を、山や海岸をつくっている岩石や地質など、地学の観点から解説する。

《古生物の本》

化石が語る生命の歴史シリーズ

ドナルド・R・プロセロ［著］　江口あとか［訳］

11 の化石・生命誕生を語る
［古生代］ 2200 円+税
歴史に翻弄される古生物学者たちの苦悩と悦びにみちた研究史と生命の歴史を語る

マンガ古生物学

川崎悟司［著］1300 円 + 税
生物の多様性が花開いたカンブリア紀から白亜紀の恐竜が繁栄した時代まで。古生物の特徴や暮らしをマンガで紹介。

け、片脚を重く引きずるようになった。

バイソンとのそうした熾烈な戦いに生き残るのは、歴戦の勇士ばかりなのだろう。モリー・オオカミ数匹を捕らえて追跡用首輪をつけたところ、七〇キロ近くある一歳オオカミが二匹いたそうだ。彼らも歴戦の勇士といえるだろう。一四匹のモリー・オオカミが一頭の雄バイソンを襲うみごとな戦いを、生物学者ダン・マクナルティが撮影している。オオカミはバイソンを徐々に雪の深みに追い込み、背中に飛びかかっては大きな肉を食いちぎる。バイソンはオオカミを振り払い、攻撃者を捕らえようと頭を振りまわす。戦いは何時間も続き、双方とも体力を消耗したが、オオカミは諦めず、とうとうバイソンは敗れた。


オオカミが手ごわい獲物を困難な場所に追い込んでいくようすを、太古の人間は見ていたのではないだろうか。自分たちはオオカミと似ている、ということに、いつしかだれかが気づいたのかもしれない。肉食であること、組織的なグループで動物を狩り、仕事を分担すること。オオカミと人間の体重は当時ほぼ同じくらいで、大型草食動物を獲物とすることも共通している。狡猾な戦術と集中的な努力のおかげで、おのれより俊足で体力のある獲物をしとめる。

オオカミと人間には遺伝子の親近性はないとはいえ、大昔の狩猟共同体はどんなようすだったかという興味深い示唆を、オオカミは与えてくれる。狩猟のしかた、食事、社会生活、組織、儀式などの点で似ていたのではないだろうか。現在も同じ生態系に生き、似通った生態バランスを維持している。

そのため、現在の科学は、人間とオオカミの共進化を前提としている。

新しい戦略と巧妙な計画によって、不利な状況から最良のものを引き出すことができる。モリー・オオカミはその完璧な例といえるだろう。棲むのに適した地域は、すべて使用されていた。前足を天に向けて、この世は不公平すぎる、と嘆いたり文句を言ったりすることもできたかもしれない。彼らには、可能性は二つしかなかった。家族に負傷者を出すことを覚悟のうえでほかの群れと縄張り争いをするか、新しい縄張りで代わりの獲物を探すか。彼らは後者を選んだ。彼らが見つけたニッチは険しく危険を伴うものだったが、おかげでイエローストーン最強の恐るべき群れとなった。

オオカミ・ウォッチングでは、ミステリー映画の脚本となりそうな驚くべきシーンがいつあってもおかしくない。二〇〇六年四月に起きたことについては、トップクラスの生物学者たちも理解に苦しんだ。それは、出産用の洞穴がよそものオオカミ家族に包囲されるという、オオカミ研究史において初めてのできごとだった。

一二匹からなるスラウ・オオカミの群れには身重の雌が三匹いて、出産日が近づいた。彼らが洞穴の付近にいたとき、一二匹の未知のオオカミが縄張りのなかに侵入してきた。やはり身重の雌が一匹、群れの中央にいる。続く数日間、侵入者たちはスラウ・オオカミの洞穴のそばで過ごし、最初のうちは本来の主のほうが後退し、新参者と遠吠え合戦を交わしただけだった。ところが、スラウ家族の身体の大きい雄の死体が発見され、そのパートナーである身重の雌が姿を消した。ほかの二匹の雌（そのうち一匹は雌リーダー）は、出産のために同じ洞穴に入った。差し迫った危険を考えて、いっしょにいたほうが安全だし、二つの離れた洞穴より群れにとっても防御しやすいからなのだろう。

洞穴の包囲が始まったのは、二〇〇六年四月一二日の夜だった。翌朝観察地点に着いたとき、スラウの洞穴の周囲を九匹のよそものが包囲しているのが見えた。夜のあいだにこの地域が占領されたらしい。よそものたちは出産用洞穴が気になるらしく、代わる代わる頭を突っ込んでは、すばやく後ろに跳びのく。無線シグナルによると、二匹の母親と生まれた赤ちゃんのほかに、雌オオカミ一匹が洞穴内にいるらしいことがわかった。

雌オオカミにとって命にかかわる状況だった。犬類の赤ちゃんは多量の水分を必要とする。母親が洞穴に閉じ込められた状態では、長くは生きられない。

よそものの身重の雌は何度かスラウの洞穴に入ろうとしたが、内部から噛みつかれて追い出された。出産用洞穴は、一三日間にわたってよそもののオオカミの群れに包囲された。母親は食料がなくては十分な乳を出せないので、赤ちゃんは生き延びることができなかった。一歳の子オオカミがときどき夜にこっそりと運び込んだわずかの餌では足りなかったのだ。

雄リーダーを含むスラウ・オオカミ二匹が洞穴のそばに残っていたが、ついに諦めてラマー・ヴァレーに退却した。包囲者側の身重の雌は、すでに別のスラウの洞穴に入り、四月二四日に出産した。

その翌日、スラウの母オオカミは敵に気づかれずに洞穴を抜け出して家族に合流し、西に移動した。もちろん赤ちゃんなしで。

四月二六日の夜、事態は激化する。スラウが戻り、包囲者との戦いが始まった。この戦いで一匹のスラウが即死し、雄リーダーが重傷を負ってまもなく死んだ。

だが、侵入者のほうも代償を払わされた。数週間後にスラウの領域を去ったとき、赤ちゃんを連れていなかったのだ。スラウに殺されたのか、母親が受けたストレスのせいで生き延びられなかったのかは、憶測の域を出ない。

精神戦争統率マニュアルにありそうなシーンだが、侵入者たちがどこから来てどこに去ったのか、私にはわからない。家族の故郷となる場所を探していたことは間違いあるまい。亡霊のように現れて、再び消えた。このストーリーには勝者はなく、どちらも敗者だ。

板ばさみになって解決策が見えない状況は、人間にもある。ときには成功を求めて新しいニッチを探すことになるだろう。それは、あまり心地よさそうには思えない。完全に新しい能力をまず身につける必要すらあるかもしれない。

基本的には、現状にうまく対処する戦略を練ることが重要なので、自分の現在地を正確につかむ必要がある。そこにありたいと願っている場所ではなく、その瞬間にある位置を認識することが決め手となる。こうして初めて、どうやってこの状況から脱し、どのように対処したらいいか、といったことを計画することが可能になる。

適切なタイミング
待つことが役立つのはなぜ？

自然、人間、愛において、何かを成立させるためには、辛抱強く機が熟するのを待つこと。

――ディートリヒ・ボンヘッファー（ドイツの神学者・ルター派福音教会牧師）

川岸に集まった六匹のオオカミを観察していたとき、「決して、決して諦めないこと」というウィンストン・チャーチルの言葉を思い出した。彼らの前にいるのは一匹の雌ジカ。腹を震わせて水のなかに立っている。彼女は襲撃者から逃げて川に入った。脚が長いため、川は彼女にとって有利な場所だ。シカを殺すには、オオカミは泳いで近づかなければならないが、前脚を振りまわしているので、蹄に打たれる危険がある。そこで、川の両岸に分かれて寝そべり、待つことにしたらしい。

オオカミの世界には、成功と失敗がかならずついてまわる。リスクを冒してもいいときか、待ってようすを見るべきか、ということを見きわめるのは、熟練リーダーに欠かせない能力。

少し前に、オオカミの群れが雄ジカを岩壁の縁に追いやったシーンを観察した。双方は、ボクシングの対戦相手のようにしっかりと見つめ合っている。ここでオオカミが獲物に襲いかかれば、獲物もろとも二〇メートル下まで落ちるだろう。長いあいだ考慮したすえ、彼らは追跡を諦めた。成功の可能性に対して、リスクは見合わない。彼らが森のなかに走り去ったのちも、シカは長いこと岩壁の縁に立っていた。

川に逃げ込んだ雌ジカはこのような幸運に恵まれず、岸に上がろうとするたびに冷たい水のなかに追い返された。いまは力を節約できるということを、オオカミたちは知っている。それから六時間後、彼らは力つきた獲物をしとめた。

私たちの日常生活でも、たえず何かを決めなければならない。危険な状況に盲目的に突進しても、得るものはない。そうした瞬間には、停止するのが正解だ。オオカミの強みは、まず状況を現実的に評価してからその後の行動を決めることにある。まず立ち止まって状況を十分に考慮し、選択肢を比較検討するのがいいときもある。そしてときには、岩壁の上のオオカミみたいに、次のステップは意味を持たないことを認めなければならない。その場合、古いものを払い落として、新しくスタートする。

私が弁護士としてのキャリアをオオカミのために捨てたとき、そんな感じだった。大きな情熱と、公正を勝利に導くという愚かな希望を抱いて法学を学び、弁護士となったものの、職業生活における最初の三年間の現実に、どうしていいかわからなくなった。離婚問題、交通事故、刑事事件……お役所仕事とフラストレーション。私が考えていたものとはまるで違う。ここで人生を概観して、残りの人生でもこの職業を続けたいか、と自問した。結局はかけがえのない人生なのだ。踏み車を降りたいと思った。

だが、考えなしに早急にことに当たるわけにはいかない。そこで、私は計画を立てた。経済状態を計算し、しばらく代わりの仕事をしながら夢を実行に移す可能性はないだろうか、と考えた。オオカミにかかわる仕事がしたい。アメリカにある研究用囲い地のオオカミ行動研究実習生の口があると聞いて、申し込むことにした。こうして、私のオオカミ人生が始まった。後悔したことはないのか、と何度も訊かれたが、一度もない。過去を振り向かないことを、私はオオカミから学んだ。弁護士をしていたとき、私はいつも不満足で、そのため職業に十分な能力を発揮できなかった。次のステップを踏むことは論理的帰結だったし、人生で最良の決定だったといえる。

いつも早急に決定する必要はない、と心に刻み込むのは大事だ。どうにもならない状況に思われることもある。そんなときは、まずは立ち止まって適切な瞬間が訪れるまで待てば、前進できる。

一匹のジリスが、望みのない状況で生き延びる勇気を見せてくれたことがある。

若い雌オオカミが、まだ生きているジリスを口にくわえてきて地面におろし、ネコがネズミをもてあそぶようにジリスと戯れ始めた。口を開いて歯をむき出し、獲物のそばを前足でとんとんと踏み、真横に寝そべってうなり声を出す。ジリスは健気にもその場を動かずにいたが、やがてとうとう身体を動かして後ろ足で立ち上がった。ジリス特有の歯を見せ、ボクシングでもするように前足をオオカミに向かって伸ばす。ぜんぜん釣り合わない動物たちの〝対戦〟は一〇分近く続き、別の一歳オオカミが雌オオカミの注意をそらせた隙に、ジリスは走り去って身を隠した。


粘り強さと忍耐は、私も持ちたいと願うオオカミの性質だ。私はあまり忍耐がないほうなので、渋滞したときなどオオカミをうらやましく思う。すぐに何もかも片づけたい性質の私は、イエローストーンで時間という概念を定義し直すことを学んだ。自然には独自のリズムがあって、私たちが急いでいることなど気にしない。

私は長年にわたって、イエローストーンを訪れるドイツ人動物愛好家たちのためにオオカミ・ツアーのガイドをしてきた。ツアー客は餌動物のお気に入りの場所を観察し、それぞれのオオカミの性質やオオカミ家族の構造を知り、動物を観察するさいの留意点を学ぶ。

説明会でよく受ける質問は、「ツアーに必要なものは、ほかにありますか?」というもので、必要な装備はあるかという意味だが、技術的装備は私が用意するので、それほど重要ではない。野生動物の研究になくてはならない性質は、忍耐、つまり待つ能力。眠っているオオカミを何時間も観察したいという気持ち。ものの三〇分で退屈する二本脚生物もいる一方、オオカミからすでに学んだ筋金入りのウォッチャーもいて、オオカミが目を覚ますまで、必要とあれば氷点下三〇度の戸外で四時間待つこともある。

高スピードのデジタル時代にあって、野生動物の観察は癒しや落ち着きを与えてくれる。動物たちは、いくらでも時間があるような印象を与える。オオカミがしとめたシカを例にとってみよう。ハイイログマがやってきて死骸を横取りすると、ライバルのオオカミたちを追い払った。死骸に草や土をかぶせてその上に寝転がり、午睡をとる。クマの典型的な行動だ。五匹のオオカミはクマの周囲でまるくなって眠っている。木々のてっぺんに数羽のハクトウワシがとまり、ものほしげに餌を見下ろす。みんな辛抱強く待っている。クマが目を覚まして去っていくのを。いつかは餌が手に入ることを知っているから。

自然には独自の時間がある。長時間観察を続けると、そのことが感じられる。人間の尺度では測れないことがたくさんあるのだ。オオカミが消滅して七〇年後の一九九五年に初めてイエローストーンにオオカミが戻ったとき、餌動物を含め生態系全体にどのような影響があるか、私たちには見当もつかなかった。それがわかるのはずっと後になってから。この展開はいまも終わっておらず、おそらくいつまでも続くのだろう。別の時間枠で考えることを、私は自然から学んだ。ハイイログマの一生(三〇年)や、一万年前からある川にくらべたら、ヒトの人生の一年や二年なんてたかが知れている。木々に囲まれていれば、木々にとっての時間はぜんぜん違うことがわかる。古いナラの木を見るたびに、樹木の忍耐強さに感心させられる。ナラの樹齢は三〇〇年に近い。三〇〇年かけて生き、三〇〇年かけて死ぬ……そう思ったとき、私の考えかたは変わった。世界はまったく違う時間枠で思考し、進行している。私のことは気にもかけずに。そう思うと気持ちが楽になった。

アメリカで昔ケチャップのコマーシャルがあって、待望の赤い液体がハンバーガーの上にのるまで、ものすごく長い時間がかかったように演出されている。キャッチフレーズは「おいしいものは、待つことのできる人だけがもらえる」。これは、オオカミにもいえそうだ。そう、待つことのできる人が幸運を手に入れ、適切なとき適切な場所にいる。

二〇一一年五月、ラマー・オオカミの一歳の雌が一匹のプロングホーンを追いかけて苦労しているようすを観察した。かわいそうに、と思った。レイヨウに似たこの動物は最も俊足な地上生物に属し、最高時速七〇キロで走ることができるばかりか、注意力がきわめて高い。未経験な若い雌オオカミにチャンスはあるまい。ほかのオオカミは〝無意味な〟企てに興味を見せず、彼女はいつも単独で狩りに挑んでいる。私は内心愉快になった。プロングホーンを捕まえるのは無理だということが、いつになったらわかるのかしら、と。そのとき、一匹のプロングホーンが雪穴に足を踏み入れてつまずいた。

雌オオカミは一気に駆け寄ると、獲物の足関節に嚙みつき、ほかのオオカミが駆け寄るまで放さずに待ってからいっしょに獲物を片づけた。私の予測は間違っていたらしい。くり返し訓練したおかげで力がついたのだろう。この雌オオカミはいまもプロングホーンを狩るのを好む。困難に立ち向かうのが好きなのかもしれないし、ちょっと変わったことを試したいのかもしれない。いずれにせよ、オオカミについてまた一つ明らかになったことがある。長く観察すればするほど、オオカミについての謎は増えるということだ。

オオカミはすぐに達成できなくても気にしない。人間の場合は、（すぐに）うまくいかないと自尊心を傷つけられることもある。失敗は許されないと思い込み、能力や比較といった思考に動かされていらいらするケースもある。新しいことを学ぶのは魅力的なのに、忘れているのではないだろうか。忍耐というスキルを磨く必要がありそうだ。忍耐の基礎は、生命の自然のリズムを受け入れること。人間によってつくられたプログラムに順応しようとしないこと。

人生はゲーム

遊び心を忘れない

遊びとは、けっして十分には得られない行為のこと。

——ジャック＝イヴ・クストー（フランスの海洋学者）

イエローストーン国立公園内ラマー・ヴァレーのラマー・オオカミたちは、二月の陽光を浴びながらシエスタをとっている。小家族が目を覚ましたとき、エネルギーではちきれんばかりだった。さかんに跳びはね、たがいの鼻をなめたり身体の上を跳び越えたり、仰向けに倒れて四肢で家族のだれかを持ち上げる。そんな状態が長く続き、ようやく徐々に静けさが戻ってくる。まだ力のあり余っているのが二匹だけいて、追いかけっこを続けている。やがて、雪すべりを思いついたらしい。山のてっぺんに登っては雪の上を滑り下りる。何度もくり返すところは、はしゃいだ子どもたちのようだ。

場所は変わってカナダのバンフ国立公園。ユコンは二歳の雄オオカミで、大人のくせに少年のような行動をとっている。サッカー選手さながらにソフトドリンクの缶をあちこちに蹴り、前足でキャッチしたいのか、何度もくり返している。

オオカミがどうしてこうした遊びをするのか、合理的な説明はない。ラマー・オオカミは健康で、かゆみを伴う皮膚病を持っているわけではない。熟練ハンターのユコンにしても、獲物を捕らえるための動きを改善する必要はない。彼らは楽しいからしているだけなのだ。

遊んで楽しむのは人間だけの特権ではないのか、と思う人もいるかもしれない。動物は感情を持たず、その行動は本能またはサバイバル・トレーニングに限られるのではないか。私たちはそのように教わったし、いまでもそう書かれている書物はあるが、実際にはそうではない。

オオカミたちは、「たくさん働けばたくさん遊べる!」をモットーに生きているように思われる。といっても、遊びは彼らにとって単なるおふざけではなく、社会学習の一つの形式なのだ。高い社会レベルで行なわれ、ドーパミンを分泌して幸福感を高める。
大人のオオカミもやはり追いかけっこ、引っ張り合い、かくれんぼといった遊びをする。だれかが餌や骨などちょっとした景品を口にくわえて得意げに歩いて挑発すると、やがてみんなが追い始める。小さな子どもたちと遊ぶ老オオカミも、若返りの泉に浸かったように見える。うたた寝するラマー・オオカミの両親も、子どもたちに遊び心を移され、いっしょになって雪すべりを始めた。子どもたちが臆面もなくはしゃいでおふざけがエスカレートすると、両親は落ち着きを取り戻す。いちばんの暴れん坊の前に立ちふさがり、厳しい目つきで熱気にブレーキをかけて、いきすぎたおふざけを終わらせる。子どもたちは深呼吸して雪に身を投げ、あっという間に眠りに落ちる。

相互にコミュニケーションし、肉体を鍛え、社会の結びつきを深めるための有用な方法が遊びなのだ。いっしょに遊ぶのは、すでに親しく、寄り添って眠るオオカミたち。それは人間の場合と変わらない。

遊びは学習とトレーニングの時間で、相手をよりよく評価するための経験を全員が積む。同時に、社会的役割を交代しながら訓練し、フェアプレーを実践することにより、高レベルの倫理や道徳に家族をまとめる方法でもある。動物たちが遊ぶときは、守るべき取り決めがある。「自分がしてほしくないことは、ほかのものにもしないこと」という〝黄金律〟はオオカミにも通用する。この原則に従うには、共感のほかに、ゲームのあいだは相違点（身体の大きさ、社会的地位など）を度外視するという意志がいる。

　いっしょに遊ぼうとしないものはほかのメンバーから避けられるので、一人で過ごす時間が多くなる。そうしたオオカミは、おそらく早々に家族から去り、一人でなんとか生き延びようとするのだろう。しかし、社会的グループの外で生きるのは、安全な家族のなかで生きるより大きな危険を伴う。生物学者マーク・ベコフの意見によると、社会的動物では不正行為者、つまり交渉し了解したルールに従わないものは自然淘汰される。それに対して、グループを維持するための倫理規定を学んでフェアプレーをするものは、動物であれ人間であれ生存し成功する率が高い。つまり、思いやりのある動物はうまく生殖するので、そのぶん生存しやすい、というチャールズ・ダーウィンの推測は、おそらく正しいのだろう。

　オオカミの子どもたちは遊びながら公正さや協力を学び、していいことと悪いことを区別するようになる。ルールを守らなければ怪我をするかもしれないことや、乱暴すぎたり身勝手だったりすると、相手が遊ぶ気をなくすことを体験する。遊びの重要な特徴はセルフコントロールにある。たとえば、どの程度まで噛んでいいか、ということを子どもたちは習う。大人のオオカミは、一五〇キロニュートンの咬合力を開発する。これは一平方センチあたり一・五トンで、ふつうの犬の二倍に相当する。つまり、この力を抑制する十分な理由があるのだ。

　もう一つの重要な基準は、大人やとりわけ高位にあるものが〝部下〟の役割を演じて、すすんで仰向けに寝ることで、役割交代が起きる。ドルイドのリーダー、ナンバー21を覚えているだろうか。彼は八歳という熟年に達すると平穏を好んだが、それでも息子とよく遊び、息子に勝たせてやった。一歳の息子は父の首の毛を噛み、脚をすくって地面に投げ、威勢よくパパの身体に足をのせて立ったものだ。パパは身をほどいて立ち上がり、くり返し息子に勝ちを譲った。こうして少年オオカミは身体が大きく強い大人と対決し、勝利するときの気持ちを体験する。

自制と役割交代を通して、どのような態度ならほかのメンバーに許容されるか、どうやって紛争を解決するか、といったことを学んでいく。人間の子どもたちがチームスポーツに参加するようもっとすすめてほしいのもそのためだし、親が子にゲームの勝ちを譲っても損にはならない。

イエローストーンのオオカミたちが大好きな遊びは、湖や川の氷を砕くこと。氷が張ったばかりの湖の上に立って、氷が割れるまで前足を何度も打ちつける。氷の上をみんなで滑るときのようすは、フィギュアスケートと遊園地のバンパー・カーを足して二で割ったような感じだろうか。オオカミの少年少女のグループが氷の上を駆け出し、ぶつかり合い、体当たりしたりしたがいの身体を跳び越えたりしてから、また滑り出す。足を再びコントロールできるようになると、同じことがくり返される。

かくれんぼも家族全員の娯楽の一つだ。一匹が窪地や丘の向こう側に身を隠し、慎重に頭を出して遊び相手のようすを探り、また身を低くする。もう一匹が探すふりをしながら隠れ場所のそばまで来ると、隠れていた仲間は跳びはねて驚かし、そこから追いかけっこが始まる。

どんなものでも、彼らはおもちゃにする。小さな棒切れ、骨、毛皮の切れ端、運悪くそこにいあわせたネズミなど。とくにおもしろいのは、Tシャツやベースボールキャップなど、人間が残していったもの。道路工事の人たちがオレンジ色の帽子数個を忘れていったときには、若いオオカミのグループが大喜びで運んできた。あちこちに引きずり、上を跳びはねたり投げたりしてから、最後には手ごろな大きさに引き裂いた。

オオカミは一人遊びをすることもある。冬に一匹の雌オオカミを眺めていると、退屈したせいなのか、モミの木から実をもぎ取り始めた。後ろ脚で立って上半身を高く伸ばし、実を下に引っ張る。それからピンポン玉のように投げ上げ、キャッチするときもあれば、斜面を転がり落ちるモミの実といっしょに滑り下りていくときもある。（遊びの）必要性は、オオカミをクリエイティブにするのだろう。

遊びには適度な好奇心が欠かせない。オオカミにとって世界はいつも驚異の源で、あたりまえとは受け止めない。どんなことも徹底的に取り組む。どんな状況もかならず驚きや発見や不思議をもたらしてくれるから。この点では、人間の子どもたちと変わらない。

アメリカのオオカミ生物学者L・デイヴィッド・メックは、北極圏にあるエルズミーア島で、ホッキョクオオカミの群れとともに数年間を過ごした。オオカミはすぐに慣れて、彼のすることなすことを観察し始めた。テントから下着や寝袋といった持ち物を盗んでは、心ゆくまで調べてからその上を転げまわったという。

オオカミ研究家ギュンター・ブロッホも似たような経験をしている。バンフ国立公園で彼が観察したボウタル・オオカミ家族の楽しみは、キャンプ用品を盗んで壊すことだという。オオカミは、キャンプ地からわずか一五〇メートルのところに赤ちゃん用巣穴をつくった。そこでベビーシッターとして赤ちゃんの世話をする若い雌がいて、週に最低三回は暗闇のなかをキャンプ地めざしてやってくる。観光客の荷物から野球のボール、クッション、リュックサックといったものをくすねて洞穴に持ち帰ると、オオカミの赤ちゃんたちは新しいおもちゃに大喜びで、ベビーシッターといっしょに心ゆくまで調べてから、最小単位に分解する。しばらくすると、洞穴の周囲は戦場のようなありさまとなる。

この習慣はオオカミ家族の趣味のようなものになり、赤ちゃんたちはソフトドリンクの空き缶、寝袋の切れ端といった文明廃棄物で遊ぶようになった。破壊行為には、両親も加わる。群れはキャンプ近辺で数週間を過ごし、秋になって子どもたちが成長してからも、お気に入りの遊び場を何度も訪れて、引き裂いて遊べるおもちゃを探した。ある日のこと、一本の木に自動車のタイヤが立てかけられていた。旅行者がここでタイヤを交換して、残していったものらしい。オオカミたちは、そばに止めてあるオフロード車には注意を払わず、すぐさまタイヤに駆け寄った。ほんの少しにおいを嗅いだのち、黒いオオカミがタイヤをつかんで餌動物のように揺すると、それを合図に家族全員が飛びかかった。すぐに合意が成立して最初の一片が引き裂かれ、三〇分もしないうちにタイヤの破片があたり一面に散らばった。

人間の子どもたちは、いまも遊びかたを知っているのだろうか、と、ときどき思う。子どもたちの成長になくてはならない社会的行動のプロセスは、iPhoneやiPadで行なわれるわけではない。さらに、大人はどうか。大人は遊びの方法をまだ覚えているだろうか。多忙な日常生活に煩わされて、家族といっしょに楽しむ時間すら持たないケースが多いように思う。いつも何かしら大事なことが入ってしまう。ここで質問したい。遊びの重要性について正しい意見を持っているのは私たちか、それともオオカミか？

善良なオオカミに災いが起きたら

失うことに対する不安を克服し、
困難を耐え抜く

私たちの持つ純粋さは、創造し、忍耐し、変化させ、
愛し、苦痛より強くなる能力。
――ベン・オクリ（ナイジェリアの小説家・詩人）

イエローストーンの北東部、シルバーゲートにあるログハウスのなかで朝五時半に目覚まし時計が鳴ったとき、私はすでに起きて三杯目のコーヒーを飲んでいるところだった。公園内を車で行くにはまだ暗い。その夜はほとんど眠れなかった。そわそわとオオカミ・ウォッチングに出かけるしたくを整える。チーズサンドイッチをつくり、ニンジンとリンゴを詰め、コーヒーを沸かしながらも、つい昨日のできごとを考えてしまう。それは、ドルイド・オオカミの雌リーダー、シンデレラが消えた日だった。

その日、ラマー・ヴァレー西端の凍結したスラウ川のそばで彼女を観察した。シンデレラは家族とともに午後の日光を浴びながら、のんびりと寝そべって数時間を過ごした。雌オオカミにしては身体が大きく、体重は五〇キロに近い。黒い毛皮は、夫と同様に年とともにグレーに変わった。夫婦で寄り添って寝そべり、ときどき相手の鼻を軽く噛むようすを見るのは心が温まる。すでに何年も前から二匹は離れられない仲になっている。

大人八匹と一歳児九匹からなるドルイド・オオカミ家族のほかのメンバーも、やはり近くでまどろんでいる。数匹は身体をまるめ、尻尾をくっつけている。

シンデレラの厚い冬毛皮が陽光を受けてつややかに光り、その姿はいつになく美しい。夫婦のむつまじさは印象的で、シンデレラは強い性格を持つ自立したオオカミなのに、夫は彼女を守ろうとしている観がある。

私はラマー・ヴァレーの観察コースを一巡し、帰途にもう一度ドルイド家族のようすを見るつもりだったが、彼らの姿はなかった。帰宅してウルフプロジェクトの仲間に電話をかけたとき、ドルイド家族が雌リーダーなしで戻ってきたことを知った。家族は彼女を探し、さかんに遠吠えしていたという。

何かおかしい。長年オオカミといっしょに暮らしているうちに第六感のようなものが発達し、辻褄の合わないことがあれば感じられるのだ。私は一晩中心配して、何があったのかと考え続けた。

翌朝、アブサロカ山脈の背後がうっすらと明らむと、私は車を公園内に走らせた。スラウ川のほとりに着いたとき、キャロルとリチャードの車がすでに駐車していた。オレゴン州出身の彼らは、私と同じく年に何度もオオカミ・ウォッチングのためにイエローストーンを訪れる。シンデレラは彼らのお気に入りでもある。

二人は気づかわしげな表情で挨拶をする。

「ようすはどう?」。私はリチャードにたずねた。

「さっぱりだよ」

遠吠えのコーラスにはっと耳を傾ける。山の頂に一匹のオオカミが姿を現わした。

ダークグレーの毛皮で、鼻梁《びりょう》に一本の黒い筋がある。シンデレラのパートナーだ。ドルイドの雄リーダーは背筋を伸ばして座り、頭を後ろに反らせて長い嘆きの声を発した。吐息が空気に触れて氷結し、鼻に微小な氷の粒が残った。

南西一・六キロ先にある標高三〇〇〇メートルの尾根スペシメン・リッジから、二匹のオオカミの興奮した遠吠えが聞こえてきた。その吠え声に応じたのは別の群れで、イエローストーン川のそばにあるタワー・ジャンクションの方角から聞こえてくる。

これほどたくさんの遠吠えがあるのは、ふつうではない。三つの群れからだ。通常の交尾期によくあるちょっとした領土争いとは響きが違う。この集中的な吠えかたは、何かがあったとしか考えられない。

じりじりしながら生物学者のリック・マッキンタイヤーを待つ。彼はテレメータを装備している。彼の黄色いスズキ車が駐車場の私たちの横に停止したとき、彼の真剣な顔つきが見えた。いまは話しかけないほうがいいらしい。彼は道路沿いにしばらく歩いてから携帯用アンテナを四方に向け、受信機から聞こえてくる音に耳を傾けた。音はしだいに大きくなっていく。アンテナの方向を見ると、ドルイド・オオカミはよその縄張りにいるらしい。よくないしるしだった。リーダーは絶え間なく吠え続け、シンデレラの姿は見えない。

「こんなことは初めてだ。彼女はいつも群れのなかにいたのに」

リックは言い、車に乗り込んでさらに先に進んだ。別の位置から無線シグナルを確認するためだ。

「無事であってほしいものだわ」。キャロルが小声でつぶやく。

リックからトランシーバーで連絡があり、スペシメン・リッジからシンデレラのかすかなシグナルを受信したという。ドルイドの仇敵モリーの縄張り。モリーとドルイドは、絶好の狩猟場であるラマー・ヴァレーをめぐってすでに何年も前から反目し合っている。こちらの群れが勝ったりあちらの群れが勝ったりしながら、目下のところはドルイドが谷を支配しているが、少し前からモリーがたびたび奪回を試みている。いまや彼らは居ついているらしい。

飛行機のエンジン音が聞こえ、まもなく生物学者たちを乗せたセスナの黄色い単発機が山の上方を旋回しているのが見えた。やはり雌リーダーを探しているのだ。機体にアンテナがついているので、追跡用首輪の波長を空から探知できる。

「雌リーダーのシグナルを求めている」

リックが無線で伝えたが、シンデレラの〝死のシグナル〟を受け取ったことを、彼は言わなかった。彼女に何時間もまったく動きがなかったというしるしで、かならずしも悪い報せとは限らない。首輪が取れることもあるし、故障ということもある。

だが、今回は故障ではなかった。山頂にある雌リーダーの血だらけの死体が上空から発見された。のちに生物学者が報告したところによると、「イエローストーン川を見渡せる、公園内でいちばん景色のいい場所で死んだ」ということだ。

シンデレラ蒸発の報を受けたウルフプロジェクトのメンバーが人々に連絡したため、彼女が最後に目撃された場所にオオカミ・ファンが続々と到着する。私たちは丘の上に集まり、ドルイド・オオカミを観察した。一六匹のオオカミは午後の陽光を浴びながらまどろんでいる。空気は重く、異様なほど静かだった。多くの人々は、山の上にいるオオカミ家族を思っている。

リックが合流したとき、彼の目は涙で潤んでいた。シンデレラが殺されたことを、落ち着いた静かな声で告げる。「何が起きたのか再構築しているところだが、モリーにやられたらしい」キャロルがすすり泣き、「われわれがここにいるときでよかった。少なくとも銃で撃たれたわけではないようだし」と、リチャードが言った。

そのとき、雄リーダーが立ち上がり、雪の上に座って遠吠えを始めた。その嘆きの声は谷を満たし、私たちはみな深く心を打たれた。彼の苦痛を、みんなが分かち合った。

翌日、悲嘆するオオカミは、シンデレラが過去数年に彼らの赤ちゃんを出産した洞穴地域に行き、三日間にわたって嘆きの遠吠えを響かせた。その後、群れのなかの別の雌と交尾して、生の営みは再び進行していった。

しかし、ナンバー21は、それから半年後に姿を消した。彼がシンデレラとよく夏を過ごした地域で彼の骨が見つかったのは、数カ月後だった。死因は不明で、高齢化のためとも、シカ狩りで重傷を負ったためともいわれている。彼がいなくなると、オオカミ家族は困惑に包まれた。数カ月のあいだに両親二匹を失った彼らは、しばらく嘆きの遠吠えを響かせて行方を探したが、やがて生の営みは続けられ、新しいリーダー夫婦が誕生した。

苦痛や悲しみ、喜びや責任感といった感情は人間だけが持つ、と科学は長いあいだ考えていた。現在ではそれは見直され、認識的動物行動学においては、動物の学習、記憶、思考、情緒、感情の研究が行なわれている。自分の想像や経験をほかの生物に投影する能力もそこに含まれる。

決定、洞察、予知、空間的位置確認、先見的行為などは、これまでは人間に特有な性質と考えられていたが、すでにあらゆる生物において証明されている。とはいえ、動物が感情を持つということは、まだ一般的に受け入れられているとはいえない。

オオカミは死を悼むばかりでなく、苦悩のために死ぬこともある。カナダで起きた例を、ドイツ人の同僚ギュンター・ブロッホが語ってくれた。

ベティとストーニィはバンフ国立公園に棲むカスケード・オオカミのリーダー夫婦で、一八匹からなる群れをすでに八年間指揮し、自信のある落ち着いた態度は家族メンバーにも一目置かれている。ある秋に、雄ジカの死骸の間近でベティが死んでいるのが発見された。彼女の身体には骨と皮しか残っていなかった。死因は不明のままだが、免疫機能が著しく低下していたことや、複数の肋骨を骨折し、大部分はすでに治癒していることが、研究所の調査で明らかになった。

雌リーダーの死により、支配者層は衰退することになる。それから二週間後、雄リーダーのストーニィの死体が発見された。ベティが死んだ場所から数キロ離れた窪地で身体をまるめて死んでおり、研究所の綿密調査でもこれといった負傷は確認されなかった。彼の健康状態は妻とは違って良好で、死因は謎だった。たくましい雄は、なぜ死んだのか？　カナダの生物学者ポール・C・パケは、〝傷心〟のためという興味深い説明をしている。おそらく、妻への親密な関係のせいで彼は死んだ。八年以上をともに暮らし、多数の赤ちゃんを育てたパートナーが死ぬと、老オオカミは生きる気力をなくしたのではないか。

この例を見てもなお、高度に発達した社会性を持つ生き物が愛、配慮、誠実といった感情を持たないといえるだろうか。そろそろ新しいカテゴリーで思考してもいいのではないか。パートナーを失えば、動物も心を痛める。生きているあいだずっと親密な関係にあり、たがいにかいがいしく世話をしてきたのだから、当然のことだ。一匹がいなくなれば、パートナーは探す。悲しみを理解する必要はない。愛する人や動物が死んだら、悲しくさびしい。それでも、やがては新しい状況に適応して生きていく。

オオカミが仲間に殺されれば、オオカミ・ウォッチャーにとって心が痛むとはいえ、生命の自然のプロセスに含まれる。だが、シーウルフが撃ち殺されたときは事情が違った。

アメリカでは、二〇一二年春にオオカミが種の保存法リストから除外され、モンタナ州とワイオミング州で禁猟が解除された。二〇一二年一二月六日、イエローストーン国立公園の外でラマー・オオカミのカリスマ的雌リーダー、シーウルフが射殺された。彼女は囮《おとり》を使って公園からおびき出されたのだった。すでに描写したように、オオカミ共同体は怒りに震えた。シーウルフのファンたちが抗議し、国立公園の敷地周辺における狩猟を停止するよう求めた。

政府が種の保存法からオオカミをはずしたときから、私が恐れていたことだった。首輪をつけたオオカミを撃たないでほしいと願っていた。ハンターたちは、それが研究プログラムの一部だと知っているはずだから。だが、オオカミ反対派の憎悪を過小評価していたようだ。公園内に棲むオオカミ一二匹がこの冬に射殺されたが、そのうち六匹は首輪をつけていた。ハンターたちは、首輪をつけたオオカミを狙い撃ちするために、送信機の周波数をネットで広めていたのだ。さらに傷口に塩を塗るため、「オオカミ（の毛皮）はベッドサイドマットにおあつらえ向き」といったことをソーシャルネットワークに書き込む人々もいる。憎悪する動物を殺すことばかりでなく、オオカミ愛好家たちにショックを与えることが彼らの目的でもある。彼らは飽くことを知らず、猟銃または金属罠でオオカミが殺されたという報せがあとを絶たない。ボトルの栓を抜いて悪霊を外に引き出してしまったような感じがある。

オオカミに心を打たれない人はいない。オオカミを愛する私たちは、彼らを守るためにできる限りのことをしているが、オオカミへの憎悪や殺すことへの熱意は、往々にしてそれ以上に強い。

それでは、自分や愛するものたちに降りかかる災いにどう対処したらいいのか。これまで私が生きてきた世界は、わりと健全だった。もちろん、だれもがそうしなければならないように、愛する人や動物が死んだとき、私も喪失を受け入れてきた。だが、これほどあからさまな憎悪に出会ったことは、これまで一度もなかった。

オオカミ関係の仕事に従事する人はみな、オオカミ反対派との対立を知っている。これも私たちの人生や仕事の一部であり、なんとか耐えられる。でも、娯楽のために罪のない動物を殺し、ほかの人たちを傷つけようとするのは、やりすぎに思える。そのことがどれほど心にこたえるか、私は予測できなかった。

お気に入りのオオカミが射殺されたことをドイツで知ったとき、私は大きなショックを受けた。彼女のことを何年も見守り続け、その印象的な性格に心を惹かれていたから。

どのようにして、これに対処したらいいのか。これ以上オオカミが殺されるのを見たくない。無力感やハンターたちへの深い憤りを感じたくない。私は殻にこもり、あらたな凶報を恐れて、しばらくのあいだウルフプロジェクトの友人たちから毎日送られるメールも読まなかった。喪失に対処するためのいつもの戦略も、今回はうまくいかなかった。

長年連れ添ったパートナーを一二歳で失った、ある雌リーダーになったような気がした。彼女は、九カ月の子どもたちを家族のもとに残して縄張りから去った。西に数キロ進み、立入禁止区域に入ったために探知できなくなったのだが、ある日ひょっこり戻ってきた。おそらく悲しみを乗り越えるための時間が必要だったのだろう。

私は以前、身近な人や動物を失うと、すぐに飛行機でイエローストーンに向かった。荒々しい自然が心を癒してくれたのだ。慰めを与えてくれる奇跡と謙虚さの場所で、ここにいるとあらゆるものと一つになれる。けっして独りぼっちではない。でも、今回はイエローストーンに避難するわけにはいかない。荒々しい自然は、もはや健全ではなくなってしまった。そこにあるのは苦痛と災難と死。それとハンター。あらゆるものから遠ざかりたかったが、苦痛から逃げることはできなかった。

遠くから見守っていただけの野生の雌オオカミの死がこれほどまでに胸にこたえたのは、なぜだろう？

長期にわたって野生動物を観察していると、彼らとの関係が築かれる。彼らの生活の親密な部分を垣間見て、個性を知るようになる。それは恋愛にも似ている。特別に深い関係を築いた場合には、対象のなかにおのれを認識することもある。シーウルフのとき、そんな感じだった。自立心の強い雌オオカミのなかに、私自身を認識した。そのため、彼女を失ったことがいっそうこたえた。彼女の死というより、臆病かつ腹黒いやりかたで彼女が死に追いやられたことだ。

私はふいに、答えることのできない疑問に直面した。人生の意味は何か、というもの。私は数十年にわたってオオカミについて究明してきたが、それは、人間は既知のものを保護すると信じていたからだ。私のしてきたことは、すべて無駄だったのだろうか。わずかながらも影響し、変化を与えたのか、それとも、してもしなくても同じだったのか。

雌オオカミを失ったことへの悲しみの次に感じたのは怒りだった。だが、怒りは解決にはならないし、長時間持ち続けるべきでもない。イエローストーンに帰るのが急に怖くなった。オオカミたちと再び親密な関係を築いても、その後また失うだけなのか、という不安。シーウルフの死はラマー・オオカミ家族をずたずたに裂いたばかりか、私の心も完全に混乱させた。この怒りは、いつかまた収まるのだろうか。

私は、数年前にニューヨークで起きた事件を思い出した。若い女性が男六人に残虐に暴行され、さんざんに殴られた事件で、犯人は被害者が死んだと思い、現場に置き去りにした。女性の命は助かり、のちの裁判で犯人を許すと言明したのだ。驚いた裁判官に、彼女は次のように応じた。

「この人たちは、私にひどいことをして、私の人生の貴重な時間を奪ったわ。今後も彼らに対して怒りを抱いて、私の時間をさらに取り上げる力を与えるつもりはないの。だから、自由になるためには彼らを許すしかない」

それは印象的な言明で、しっかりと記憶に残っていた。ハンターへの怒りに押しつぶされそうになったとき、それが心に蘇った。私の今後の人生や平静さをほかの人たちの手に委ねていいのだろうか。いまこそオオカミの知恵を意識するべきなのではないか。

不幸なことがあったら、オオカミはどうするだろう？　嘆いたり悲しんだりするだろうか？　答えはイエス。パートナーが死んだら、さびしさと恋しさで死ぬだろうか？　そういうオオカミもいないわけではない。では、人生の意味を疑うか？　答えはノー。

このように考えて、私の心は徐々に平和を取り戻した。シーウルフは根っからの闘士で、諦めることを知らないオオカミだった。生きていれば、動物を狩り、家族を愛して生活を続けただろう。それならば私も続けていくしかあるまい。これからもオオカミを観察して、彼らについてのストーリーを語りたい。そうしていつか、オオカミ殺しをストップできるかもしれない。

一年という長い不在ののちにイエローストーンに戻ったとき、私の心はいまだにシーウルフの死を悼み、いたるところに彼女の存在を感じた。それでも、自然や動物たちに気持ちを集中することによって助けられた。その年に最高の数に達したバイソン、強力なライバルがいなくなったために多数の獲物に恵まれたコヨーテ、そのほかカワウソ、ワシ、ビッグホーン。こうした動物たちが、お気に入りのオオカミを失った苦痛を克服するのを助け、生の営みはいまも進行していることを示してくれた。

ある日、日没の少し前にラマー・ヴァレーに座って双眼鏡で周囲を探った。遠くでコヨーテの興奮した吠え声が聞こえ、バイソンの群れが平穏に草を食みながら目の前を通っていく。そのとき、斜め後ろに何かが動く気配を感じた。身動きせずに待っていると、グレーブラウンの雌オオカミの走る姿が視界に入った。バイソンの赤ちゃんに目をつけたらしく、そちらに注意を集中させている。私は、魔法の瞬間を壊さないため、息をひそめた。雌オオカミは、三メートルくらいの距離で私に気づき、立ち止まって私を見た。いや、その視線は私を素通りして先を見ている。ぜんぜん興味ないからかまってなんかいられない、という感じ。オオカミの視線に素通りされて無視されると、傷つけられるかもしれないけれど、同時にほっとする。かすかな不安を感じる価値もないほど、私は無意味なの？　私が恐怖におののき、目を見開いて見つめたら、ひそかにほくそ笑むだろうか？

私がここにいようがいまいが、彼女にはどうでもいい。それだけのこと。私が怖さに震えようが喜んで抱擁しようが、少しも気にしない。私は環境のなかの無意味な部分にすぎない。食べられないから、どうでもいい。

私はふと、彼女の表情を前にも見たことがある、と思い出した。それは、彼女の母親だった。数年前、数人の友人とともに山頂からフィールドスコープを使ってオオカミを探していると、「気をつけて。後ろ！」と、ふいに一人がささやいた。慎重に振り返ると、シーウルフがいたのだ。私たちが谷に彼女の姿を探しているあいだに、私たちの周囲をまわって検討し、私たちのために騒ぐ価値はないと判断したらしい。
いま目の前にいるのは、明らかにシーウルフの娘だった。母親と同じ視線で見つめ、同じ方法で人間に反応している。このとき、長いこと感じなかった平和と喜びが私の心に戻った。

オオカミは家族がいなくなると悲しむ。だれかが死んだり姿を消したりすると、困惑して捜索する。攻撃的になることもあり、嘆きをこめて遠吠えをくり返す。でも、やがては振り払い、立ち上がってそれまでの営みを続ける。生活のリズムに従って獲物を狩り、食べ、生殖し、家族の面倒をみる。自然界のあらゆる生物がするように、いま、ここに生きていることを祝う。この能力を失ったのは人間だけなのではないだろうか。将来のことを思い煩い、過去に埋もれて生活している。もっと現在を生きればいいのに。動物たちからそれを学べるので、一歩さがって観察すればいい。彼らをあるがままにさせ、彼らから学び、いっしょに成長する。そして、生の営みはこの先も続いていくことを意識する。彼らがこの世を去るときがきたら、彼らを知っていたことでほんの少し豊かな気持ちになって、この世に残る。残念なことに、私たちの生きる世界は、あらゆるものにしっかりつかまり、執着するよう教える。そのため、次々と別れに出会い、心は耐えがたいほどからっぽになっていく。私はイエローストーンのオオカミたちからたくさんのことを学んだ。どうにもならないことを受け入れ、順応し、毎日新しい気持ちで、めいっぱい楽しむことを。

世界をほんのいっとき救う
完全な生態系の秘密

樹木は自然が空に描く詩。
われわれは樹木を倒して紙に変え、そこに空虚な心を書き込む。
――ハリル・ジブラン（レバノンの詩人・画家・彫刻家）

ある寒い秋の早朝、日の出の直後にオオカミのいる谷に向かった。最も美しい季節の一つが始まったところだ。ワイオミング州とモンタナ州の山岳地帯は、ハコヤナギの金色とカエデの深紅からなる陶酔するほど豊潤な色彩に変わった。初雪が降って山頂がうっすらと雪化粧し、観光客の数はぐっと減った。夜に霜が降りてバイソンの背中に白い層ができ、晴れた日にはハクトウワシが空中に輪を描くようすが見られる。やや高い山地では、ヘラジカが求愛を始め、クマは長い冬眠の前にいま一度腹を満たす。

オオカミにとって秋はかなり厳しい季節。今年生まれた子どもたちは、狩りの仲間としてはまだ一人前とはいえず、群れにとってはむしろお荷物となる。それに対して餌動物のほうはたくましく元気いっぱいなのだ。どのオオカミ家族も、子どもたちを養うのに大忙し。群れが大きければ大きいほどこの任務は重いばかりか、家族のなかが窮屈になっていく。そのため、成長した子どもたちの多くはこの季節に故郷の縄張りを離れる。

駐車場に車を止め、厳しい寒さにもかかわらず、サイドガラスを開ける。大型ワピチの雄はいまが発情期で、ドアの軋《きし》みとロバの叫びを合わせたようなしわがれた鳴き声をたてている。ワピチのような堂々たる動物の口から発せられるとは思えず、初めて耳にした観光客は、奇妙な物音がどこからくるのかと不思議そうに周囲を見まわす。発情期はシカが最も攻撃的になる季節で、自動車をライバルと間違えて襲ってくることもある。身体の大きいワピチの雄は、群れの雌がばらばらにならないようまとめるのとライバルをかわすのとで慢性ストレス状態となる。そのため相手がオオカミなのかハイイログマなのか、はたまた自動車なのか、区別できない。交尾期が終わるころにはくたくたに疲れ、往々にして四肢で身体を支えることすらできないほどだ。

谷のなかほどで動きが見えた。鳥の群れが飛び立ち、コヨーテが徘徊している。夜のあいだにオオカミがシカをしとめ、死骸を残して去ったのだろう。カラス、ハクトウワシ、コヨーテがたがいに餌を争っている。まもなく最初のクマがやってきて、分け前を要求するに違いない。私は車を降りて装備を組み立てた。オオカミは去ったとしても、死骸を観察するのはおもしろい体験で、自然は何一つ無駄にしないことを見せてくれる。

次の数時間にコヨーテ六匹、ハクトウワシ二羽、イヌワシ一羽、ハイイログマ一匹がご馳走に寄ってきたほか、無数のカラスとカササギが小さな肉片を求めて争った。

イエローストーンでは、四五〇種類の小昆虫が動物の死骸で生存し、そのうち五〇種類はオオカミがしとめた動物の肉に依存する。ほかの小昆虫を食べるものも多く、どの死骸も〝捕食動物・餌動物共同体〟と呼べるミクロコスモス（小宇宙）を持つ。

数日ないし数週間、あるいは数カ月が経過して白骨だけになると、死骸のあった場所は、無機物である窒素、リン酸、カリウムの濃度が周囲より一〇〇～六〇〇パーセント高くなる。ヘラジカなどのように窒素を含む植物を好んで食べる動物もいて、その糞尿は土壌の豊かさに大きく貢献している。また、そこではバクテリアや菌類も増殖しやすい。

自然の関連性について、私たちはほんのわずかしか知らないのではないだろうか。長年オオカミを観察し続けて初めて、一種類の動物の研究にとどまらないこと、私たちみんなが全体の一部だということがわかった。

生態系は繊細で敏感な網状組織で、われわれ人間を含むあらゆる動植物の居場所がある。どれか一つを取り去ると、パズルのピースが移動する。オオカミも生態系の一部であり、イエローストーン国立公園のオオカミが絶滅して七〇年後に再導入されると、すべてが変化した。

イエローストーンにオオカミが戻ると、生態系はカードをあらためてシャッフルし、多数の動物たちが生き延びるための新ルールを定めた。こうして環境構造が数珠つなぎ的に続行する効果が生まれ、科学者は〝不安の生態学〟と名づけた。

オオカミは、コヨーテの数を二年間で半減させた。餌を奪うライバルとみなして、身体の小さい親戚であるコヨーテを殺したのだ。そのため、コヨーテの食料である齧歯《げっし》類、ハタネズミ、ジリスが増加し、これらを餌とするほかの捕食動物――キツネ、タカ、フクロウ、イタチ、タヌキの数も増えた。

ハイイログマもまた、オオカミが戻ってきたことを歓迎している。クマはオオカミのあとを追い、餌を横取りする。実際、オオカミのしとめた獲物のほとんどは、いくらもしないうちにクマに奪われている。オオカミは冬や春も多量のタンパク質をとるので、クマもしだいに早く冬眠を終えて出てくるようになった。巣穴で出産を終えて腹をすかせたクマにとって、赤い肉は豊富な栄養とエネルギーのもとなのだ。

餌動物の変化には意外なものもあり、すぐには関連性に気づかない。プロングホーンを例にとると、オオカミが戻ってから、彼らは出産地をオオカミの洞穴のそばに移動した。「自殺行為なのでは？」と思うかもしれないが、じつはそうではない。野生動物の順応性と創意工夫のすばらしさを証明してくれる事象といえるだろう。プロングホーンの赤ちゃんは、コヨーテにとって季節もののご馳走だ。大人のプロングホーンを狩るのは、柔軟かつ敏捷なコヨーテも多大なエネルギーを必要とするため、逃げることのできない子どものうちに殺す必要がある。母親は、赤ちゃんを藪のなかに隠すなどの手を使うが、現在では、プロングホーンの生存率が最も高いのはオオカミの洞穴のそばであることがわかっている。プロングホーンは足が速いためオオカミはめったに追いかけないし、コヨーテはオオカミを疫病神のように避けている。賢い草食動物が赤ちゃんのためにオオカミのそばを選んだのは、なかなかのアイディアだと思う。

オオカミがイエローストーン国立公園の動物たちを変化させたことは明らかだが、土地や樹木に対する影響については、科学者の意見は一致していない。たとえば、公園北部にあるヤナギやポプラの状態は、数十年来議論され続けているテーマだ。川岸のそばに生えている若木や茂みをワピチが好んで食べるため、オオカミ再導入以前は、春の新鮮な若葉はすべてシカに食まれ、川岸のヤナギが一メートル以上に育つことはまずなかった。高い樹木がないということは、マスやスズメ目の小鳥の好む木陰もないということ。

このような状況でオオカミが再導入され、有蹄類の満ち足りた食べ放題の生活は終わった。捕食動物によって彼らの総数が減ったばかりか、食習慣も変化した。シカ類が川岸で過ごすことはめったになくなり、敵がよく見える開けた谷にいることが多くなった。こうして樹木は長生きできるようになり、ヤナギの木々が影を落として川水の温度が下がったため、マスや小鳥たちが戻り、やがてビーバーも戻ってきた。これが理論上の〝オオカミ効果〟であり、そうなってくれればよかったのに、と思う。オオカミは樹木やビーバーや魚を救う。すごいではないか。オオカミを連れてくれれば、地球は再び健康になるんだから。「オオカミが狩りをすれば森は育つ」というロシアのことわざは当たっていたのか……残念ながら、それほど単純ではない。生態系はずっと複雑にできている。

二〇一〇年に発表された研究により、オオカミは高貴な救済者であるという妄想は失われた。シカは食習慣を長期的に変えるほどオオカミに対して不安を抱いていない、ということがわかったのだ。大人のシカを殺すのは、オオカミには難しい。身体がはるかに大きいばかりか、彼らの持つ蹄は危険でもある。そのうえ、シカは群れで身を守る。群れは、忍び寄るオオカミを個々のシカよりもすばやく感知するのだ。

それでもなおオオカミが景観を変化させたのは、なぜか？

ここで登場するのがビーバーだ。ビーバーはヤナギの成長に大きな役割を果たす。食料のほか、巣やダムをつくるのにも使う。水をせき止めるのにヤナギの枝を使い、それはヤナギの成長に役立つ。

オオカミが戻る以前は、シカが多量のヤナギを食べたためにビーバーの食料がなくなり、大型齧歯類は姿を消した。オオカミとビーバーがいなくなると、生態系は修復がきかなくなるほど大きく変化した。

つまり、樹木の成長に影響を与えて景観を変化させたのはシカの行動ではなく、数だった。けれども、シカが減少した原因はオオカミだけにあるわけではない。気候変動や数十年にわたる渇水など、ほかのたくさんの要素が関係している。食料不足のためにハイイログマが多数の仔ジカをしとめたこと、公園の境界地域で数千匹のワピチがハンターに殺されたことなども、そうした要素に含まれる。

生態系に大きな影響を与えるのはどの種なのか——食物連鎖の頂点なのか最下層なのか、という問題は、いまも科学者のあいだで議論されている。自然を包括的に把握するためには、微小生物を知る必要がある。ほかの生物が生態系に与える影響について、いまだに十分な注意が払われていない。草食によってイエローストーンの景観を長期的に変化させるのはシカか、それともバイソンか、という議論が専門家のあいだで現在も行なわれている一方で、公園は数年ごとにバッタの大群に襲われ、全草食動物が消費する量の二倍の草が被害を受けている。ところが、そのことを話題にする人はほとんどいない。

科学の世界では、自然は下からではなく上から統制されるという考えかたが浸透した。こうして、大型捕食動物は自然というシステムの構造と機能に重大な効果をもたらし、生態系を変化させることが、オオカミの再来によって確証される。オオカミが故郷に戻って以来、ハイイログマ、アメリカグマ、ピューマ、コヨーテ、オオカミからなる捕食動物は、七〇年来初めて完全な多様性を取り戻したといえる。変化ははっきりと見えているが、まだ終わったわけではない。

次の数十年に生態系がどう順応するか、ようすを見る必要がある。未知の要素がたくさんあるので、ここで何らかの予言をすることはできない。自然のプランは長期的な安定性をもたらすことにあるが、短期的に見ると生態系は極端に変化している。気候変動（冬の厳しい寒さ、夏の渇水など）、森林火災、オオカミまたは餌動物の病気、といった要素のどれかが状況を変化させる可能性はある。オオカミは適応能力がきわめて高く、変化した環境条件にすばやく反応する捕食動物なので、生態系に影響を与えるだけでなく、安定化することもできるかもしれない。しかし、それには時間がいる。

私たちは、いまだにたくさんのことを期待しすぎているし、せっかちでもある。一種類の動物を一生態系に再導入して、たったの数年間で期待どおりに進行することを期待している。反動や予期に反する進行を予測していない。自然は私たちの好都合な計算を何度も覆すだろう。

いくら望んだところで、簡単な解決法や答えはない。

では、オオカミは生態系を健全化するのか？　答えはイエス。それは確実だが、それだけでは十分ではない。人間が数千年かけて大規模に破壊したものを、数十年で救うことはオオカミにはできない。重要な部分がいくつも失われたのちに修復しようと試みるより、健全な生態系を維持するほうがたやすい。だが、そのためには思考法を根底から変える必要があるし、奇跡もいる。

目を開いて自然のなかを歩けば、だれもが奇跡を体験できる。オオカミに夢中な人たちの多くと同じく、私も大型捕食動物だけに集中して、小さなすばらしい動物たちの秘密を見ていなかった。だが、それは変化した。オオカミを待ちながら自然のなかで長時間を過ごすあいだに、巨大なバイソンの群れがそばを通過していくところや、キツネがネズミを追いかけるようす、プレーリードッグが大胆にも巣穴から外をのぞき、私を見つけて甲高い口笛のような音をたてるのを目にした。ヘラジカの仔が細い脚でおかあさんのあとをぎこちなく歩くようすや、木の枝を駆けるイタチも見たし、枝木を巣に運ぶビーバーの大きさに驚いたこともある。イエローストーンには信じられないほどたくさんの種類の動物がいるばかりか、温泉や間欠泉といった自然現象もあるし、夜空に見える銀河もすばらしい。こうしたことのためにオオカミを忘れたわけではないが、待たされたおかげで自然を発見する時間が得られたことを、オオカミに感謝したものだった。オオカミたちは、詳細を見る目を私に与えてくれた。ほかの動物や植物を見る目を与えてくれた、ともいえる。動植物が適応し合い、人間の行為なしで共生しているのを見ると、謙虚さと喜びを感じた。

地球にとって人間は意味を持たない。それでも私たちは地球の一部なので、地球を最も重要なものとして行動するべきだ。今後もこれまでと同じように生活し続ければ、気候や資源ばかりか、人類そのものを破壊することになる。人間がいなくなっても、自然はいっこうに気にしない。次の発明のための場所ができるだけのこと。生命という書物の新しいページを開く。完璧に機能する生態系の活発な一部であるオオカミは、二種の生物――人間とオオカミ――が同じ生活圏に生きているばかりか、運命を共有していることを私たちに思い出させてくれる。

オオカミ医学
オオカミの持つ魔力は、私たちを癒してくれる

神の超越への信仰心は、天の純粋な存在を通して呼び覚まされる。そのように宇宙は構築されている。天に一羽のワシを置けば、みんなの心がいっしょに振動する。

――ミルチャ・エリアーデ（ルーマニアの宗教学者・宗教史家・民俗学者）

ある春の早朝。マンモス・ホット・スプリングスからオールド・フェイスフル・ガイザーへの道路がこの年初めて開通すると、私はノリス・ガイザー・ベイスンに向かった。この時間は好きだ。一人で自分の思考に浸れるから。ノリスは私のお気に入りの場所で、母なる大地の腹にすごく近く感じられる。この地域は地殻の厚さが五キロしかない（ふつうは約五〇キロ）。イエローストーンは眠れる超火山。ここは特別な力を持つ場所で、自然の無限の可能性が活動している。火と氷で形成されたノリスは、公園内で最も高温な場所。ここでは事象が非常にゆっくりと進行することもあれば、あっという間——地質学的な時間枠で——のこともある。天地創造が終わることなく続いているのだ。

木の幹に座る私は、ゴボゴボと音をたてて沸騰し、シューシューと蒸気の立ち上る間欠泉に囲まれている。冷たい雪原にはさまれた川や小川が白い息を吐く。極寒の地に場違いな観のある暖流。鉱物で赤や青に染まった水に日光が到達するのは容易ではないらしい。遠くのほうから、キーキー、ピーという甲高い声が聞こえてきた。それは急に高くなり、明るい笑い声に変わった。プリマドンナの歌声の主はコヨーテらしい。私の野生の友人たち。朝のコーラスで、太陽に祈りをささげているのだろうか。

私のすぐ後ろから、即座に返答が聞こえた。低く落ち着いた、長い吠え声。コヨーテより力強い喉の持ち主。スローモーションで後ろを振り返ると、ライトグレーのオオカミが五メートルくらい離れた場所から私を見ている。首の周囲の毛が立っているのは、若いオオカミであるしるしだった。前に向けて立つ耳は好奇心のあらわれだが、半分だけ上げた尻尾は不安を示している。私の真横にカメラがあったが、魔法の瞬間を壊したくないので、撮影を諦めることにした。息を止めると、鼓動が耳のなかで轟《とどろ》く。私とオオカミは見つめ合う。

黄色の目と青い目の出会い。数秒間か、それとも数分間か。永遠から切り取った一部分。そのとき、一羽の鳥が真横から飛び立ち、私はぎょっとした。オオカミは一歩跳びのき、向きを変えて走り去ったが、私はしばらくじっと座っていた。永遠のまばたきのようなこの瞬間を捉えたかった。

それから数時間後、ラマー・ヴァレーの道路脇でドルイド・オオカミの群れを観察していると、子どもたちを乗せた黄色いスクールバスが駐車場に乗り入れた。オオカミ・ウォッチャー仲間と意味深な視線をかわす。だいたいのティーンエイジャーが無関心、無秩序、騒音を意味することは、経験から知っている。荒々しいエネルギーでオオカミたちを追い払うだけ。だが、今回は違っていた。運転手がドアを開けると、教師と生徒は行儀よく静かに降車して私たちのそばに集まった。私たちは、観察中のオオカミ家族について、大ざっぱに説明した。

「ほんとのオオカミがいるの？」。長身でおっとりタイプの少女二人が話しかけてきた。鼻ピアスをつけ、薄いジャケットを着た身体が寒さに震え始めた。

「見てみる？」

私はフィールドスコープをオオカミ家族に向け、生徒たちに場所を譲った。彼らは順番にレンズに目を当て、遊んでいるドルイド家族を観察した。

「わあ」

「すごい」

「すっごくかわいい」。一人の少女が目に涙をためてささやいた。

「ほんもののオオカミだ」

生徒たちは夢中になっている。オオカミが遠吠えを始めると、彼らは口を開いたまま、身じろぎせずに聞き耳をたてた。

「子どもたちにとって、初めてのオオカミ体験だったんです」

女教師はにっこりして、フィールドスコープを使わせてもらった礼を述べた。

スクールバスが発車して子どもたちが手を振ったとき、私は先入観を抱いたことを恥ずかしく思い、またしても謙虚な気持ちになった。


状況はまったく違うのに、二つのオオカミの出会いには同じ魔力が潜んでいる。野生オオカミを見て心を動かされない人はいない。心の奥の、まだ損なわれていない部分に触れるのだ。

そのことは、自然民族も知っている。私はミネソタ州の自然のなかで一年近くを過ごした。水道も電気もないログハウスは、オオカミやクマの棲息地のまっただなかに位置し、敷地はアメリカ先住民族のオジブワ族の土地と接していた。ある日森のなかを歩いていると、ヘンリー・スモールウッドに出会った。〝ビッグウルフ〟という異名を持つオジブワ族のシャーマンで、グレーの頭髪にクラーク・ゲーブル風の口ひげをたくわえている。だが、細長く整えた口ひげも、流行遅れのメタルフレームのメガネも、彼の丸顔に似合わない。わが種族はオオカミとわれわれを区別しない、と彼は語った。

「オオカミは知識を持ち、謙遜を教えてくれる。偉大なる創造者は、まず一つの円を創り、それから すべてはそのなかに場所を見出した。あらゆるものが円を描くのは、そのためだ。子どもから死へと いう人間の輪、四季、星々、太陽、月、地球……すべてはまるい」

シャーマンの突き出た腹にポロシャツは伸び切り、ウィンドブレーカーのファスナーを閉じること はできない。

「ほら、僕の腹だってまるいだろ」。彼はおどけて言った。

「宇宙のリズムがあってね、オオカミは人間の兄弟なんだ。この動物がいなければ、われわれ人間は 生きていけない。オオカミに借りがあるから、オオカミを敬う祭りで彼らのために歌って、それを返 す」

多くの原住民にとってオオカミは重要な意味を持つ。オオカミを魂の親戚とみなし、儀式でオオカ ミの毛皮を着て敬意を表する。

オジブワ族にとってオオカミは医学であり、平衡をもたらしてくれるものだ。

私たちもやはりこの調和を求めていることは、いたるところで見てとれる。都会人は野生動物のプ リントTシャツや、オオカミの足跡のロゴ入りアウトドアウェアを着て、ガソリンを多量に消費して 二酸化炭素を吐き出す四輪駆動車で出勤する。野性を表象するウェアや自動車を好んで使用すること で、自然を取り戻した気分になる。自然や野性は縁遠いものになってしまい、ハイテク時代に生きる私たちは暗闇や静寂すら知らない。もしかすると、自然を失ったと考えて、無意識のうちに悲しんでいるのだろうか。

オオカミやクマやオオヤマネコを野性のシンボルと感じる人は多い。オオカミのいない景色をもの足りなく感じて、オオカミの姿を探し求める。デジタル時代において、オオカミは生死を象徴するリアルなものであり、柵で隔てられていないほんとうの自然なのだ。

それを体験できる場所は限られているが、イエローストーンはその一つ。九〇〇〇平方キロメートルの手つかずの自然で、8の字形の道路だけがそこを貫いている。道路沿いには観光名所やホテルが立ち並ぶ。孤独を好む人は、車を置いて無数にある小道のどれかを進み、奥地に入ればいい。ただし、純粋な野性の地なので熊よけスプレーを忘れないこと。


人間は大昔から、熟慮するため、疑問の答えを見つけるため、自分自身を知るために自然に入っていった。私も定期的に休憩が必要なので、そんなときにはアリゾナ州のグランド・キャニオンを歩いたり、ミネソタ州のバウンダリー・ウォーターズでカヌーに乗ったり、アラスカでオーロラを賛美したり、イエローストーンでオオカミを観察したりする。自然のなかで体験するのは四五億年の成功であり、自然が提供する最も優れた最高のもの。自然のなかに入っていけば、勝者たちに囲まれる。だが、野性は脅威でもあるので、傷つけられることもある。私が住んでいたミネソタのログハウスは隣りの町まで三〇キロもあり、道路脇に止めた車まで八キロ歩かなければ到達できない。電話網も無線もなく、薪割りのときに斧で脚を切れば、出血多量で死ぬかもしれない。孤独を好むものの払う犠牲といえるだろう。よく使われることわざをちょっぴり変えるなら、野性は臆病者には向かない、となる。未経験で慎重さに欠けるものを陥れる残酷な教師ともなりかねない。自然のなかで自然とともに育った人間は、冒険を探さない。みずからすすんで危険な状況に身を置くとすれば、スピリチュアルな理由からであることが多い。ヘイデン・ヴァレーで出会ったロバート・スタンリーもそうだ。

イエローストーンを訪れる観光客には二つのタイプがある。一つは、間欠泉や温泉を目的とする人たちで、ハイイログマやオオカミも〝ついでに〟見て、土産話にしようというタイプ。もう一つは動物を探しに来る人たちで、オオカミを観察する目つきでそれとわかる。ロバートもそうだった。私たちは長いあいだ駐車場に並んで立ち、白い雌リーダーのいるキャニオン・オオカミの家族を観察した。彼はオオカミにすっかり集中して、ほかの観光客が目に入らないようすだった。私たちが言葉を交わしたのは、オオカミが立ち去り、それとともに二本脚生物もいなくなってからだ。彼は、驚くべき人生譚と、オオカミに救われたときのことを語ってくれた。

一九六九年六月、アメリカ陸軍特殊部隊グリーン・ベレー軍曹として北ベトナムに出動していたときのことだ。彼はその時点ですでに一八カ月、休みなしに戦場で戦っていた。

「言葉のほんとうの意味で〝地獄〟を見て体験したと感じた」と、彼は語った。榴弾を受けて重傷を負ったのち、長めの傷病休暇を与えられた。

「できるだけ人間から離れて、完全に孤立したいと思った」。最少限の必需品だけを持ってアラスカ

白い毛皮を持つ、キャニオン・オオカミの雌リーダー

のフェアバンクスに飛び、レンタカーで東方に進み、人っ子一人いない場所でテントを張った。最初の数週間に彼が見たのは、数匹の動物と足跡だけだった。オオカミの遠吠えが聞こえたが、姿は見えなかった。
「怖くはなかった。人間どうしの残虐きわまりない行為を見てきた。このときは死んだほうがいいと思ったほどだ。見ないわけにいかなかった恐怖を抱いて生きるのはごめんだった。ある夜、澄み切った夜に空を見上げて、高位の存在に向かって叫んだ。神、アラー、ラーマ、釈迦……何と呼んでもかまわないが、答えてくれ、と懇願した。だが、答えがないことはわかっていた。夜が更けてから、オオカミの長い遠吠えが聞こえてきた。魂が俺に向かって呼びかけているように聞こえた。これほど孤独な叫びを聞いたのは、それまで一度しかない。自分の魂だ。俺は思った。あんたがだれかは知らないが、俺たちには泣くことのできるものがたくさんある、と」

彼はくたくたに疲れて眠りに落ちた。

翌朝、やや離れた場所から自分を見ている白いオオカミが目に留まったが、怖いとは思わなかった。それに続く数日間、オオカミはいつも同じ場所に現れ、しばらくするともっと近くまで来たので、雌であることがわかった。彼はオオカミに話しかけるようになった。ある夜、オオカミは彼から数メートルのところまで来て座り、数日後にはすぐ目の前で尻尾を両脚のあいだにはさんで頭を垂れた。

「手を伸ばして白い神に触れた。そいつは、俺の守護天使になった。なくてはならない存在。俺の人生を、どうにか生きていける状態までそいつが戻してくれなかったら、気が変になっていたかもしれない」

私の横に立っているのは、戦争で恐るべき残虐さを体験した男。彼が最も必要としているときに希望と新しい人生を与えたのは、ホッキョクオオカミの雌だった。彼の話から、オオカミは深い傷を負った魂をも癒せることがわかる。

カリフォルニア州ロサンゼルスから車で一時間半くらいに位置するフレイザー・パークに、ロックウッド動物救済センター（ＬＡＲＣ）という施設がある。一二平方キロメートルの敷地に、虐待されたり捨てられたりしたオオカミや雑種が生活している。元海軍兵士マシュー・シモンズが救った動物たちで、彼は心的外傷後ストレス障害（ＰＴＳＤ）に苦しむ退役軍人向けのプログラムを提供している。

該当する人々は、LARCでオオカミ関連の仕事に従事することができる。餌をやり、囲い地の掃除をして、オオカミとの関係をつくる。退役軍人の苦悩についてはアメリカ社会では話題にされず、サポートをほとんど受けていない。彼らは心理学者に相談したり、PTSDのセミナーを受けたりするほか、麻薬によって体験したことから逃避する。それでも（アメリカでは）毎日二二人が自殺している。この種のプログラムは彼らにとって最後のチャンスであることが多く、ウェイティングリストは長い。

「兵士とオオカミは同じ運命を持っている」と、マシュー・シモンズ。「どちらも過去に悪用されたから、信頼することを学びなおさなければならない」

「ある場所にいて、そこの人間が自分を殺そうとしているってわかったら、それがあなたを変える」。動物救済センターで上映されるドキュメンタリー映画『The War in Between（それら〔ほんとうの戦争〕のあいだの戦い）』のなかで、一退役軍人が語っている。

トラウマを抱えた男女がオオカミとつながりを築くには時間を要し、数カ月かかることもある。また、相手はオオカミ一匹だけであることが多い。特定の人間を選び、忍耐と受容のレッスンを与えてくれるオオカミだ。

「コントロールできないことがあるからといって、気が変になるわけじゃない」。元兵士が語る。「オオカミに餌をやって囲い地を掃除する。だけど、やりたくないことをさせるわけにはいかない。犬じゃないんだから」

虐待されたオオカミと退役軍人はたがいに信頼し、関係を築いて相手の心を癒す。

野生オオカミが驚くべき治癒をもたらした別の例について、オーストリア人生物学者グドルン・プフリューガーが著書『Wolfspirit（オオカミ魂）』のなかで語っている。*

*グドルン・プフリューガー著 Wolfspirit, Meine Geschichte von Wölfen und Wundern.（二〇一四年、ミュンヘン刊）

カナダの先住民ファースト・ネーションにとって、オオカミは時間と空間のつながりをつくってくれるもので、人間の前に姿を見せるのは、伝えることがあるときだけだという。カナダでオオカミを間近に体験したグドルン・プフリューガーは、それを撮影してすばらしい映画を制作した。草地のなかに一人の女性が横たわり、オオカミが鼻を寄せてにおいを嗅いでいるシーンが見られる。彼女はこのときすでに悪性脳腫瘍を病んでいたが、病気のことを知ったのは帰国してからだった。オオカミは闘病のための体力と抵抗力を与えようとした、と彼女は確信している。

最も困難な治療の最中にも、グドルンは一度も諦めようと思わなかった。四本脚の友に再び会いたいと願って。

生物学的にみると、オオカミが女性に鼻を寄せてにおいを嗅いだというのは、体内の化学バランスが崩れているのを嗅ぎ取ったといえるだろう（ウルフパークでオオカミと出会った一週間後に肺炎にかかった雌バイソンの例を覚えているかもしれない）。いずれにせよ、重要なのはグドルンと動物のあいだにつながりができて、彼女の魂が癒されたことだ。

私も何度か癒しを感じたことがある。死や惨事に出会うと、私はいつもイエローストーンの自然のなかに慰めを見出した。五〇〇〇万年前の化石化した木に手を置いたり、すぐそばの巨大なマグマ溜まりからマグマが噴出するのを見たり……そのような場所では、自分がちっぽけでつまらない存在に感じられる。だが、無意味な存在ではない。それどころか、あらゆるものを擁する巨大なプランの一部だという気がする。そのおかげで心から平和な気持ちになれる。

私たちが自然に慰めを探すのはなぜだろう。動物の姿を見て声を聞き、触ったりにおいを嗅いだりすると、心地よく感じるのはなぜだろう。樹木を観賞したり花の香りを感じ取ったりするとき、激流の水や穏やかな湖を見るときもそうだ。

自然のなかにいると、独りぼっちではないし、孤独を感じることもない。お気に入りの尾根に座ってラマー・ヴァレーを見下ろすと、その美しさと多様性と驚きに息が止まりそうになる。極限の美は、無限性を持つのかもしれない。現在が消失するのではなく、無限になるのだ。

そうした野性の経験が必要なのは、現在をほんとうに生きることを学び、生きるとはどういうことかを感じ取るためではないだろうか。

イエローストーンでオオカミ・ツアーのガイドをしていると、オオカミの遠吠えが聞こえたり姿が見えたりしたとき、人々の心に神秘的なものが生じるのを感じる。それは、なじみのあるもの。私たちの心のなかにあって、だれもが知っているはずなのに、忘れてしまったもの。恐れていると同時に心惹かれるもの。

そのような瞬間は、私たちを変化させる。オオカミ（あるいは、ほかの野生動物）とともに、現在を集中的な瞬間として体験する。そこにいるのはいまある自分で、過去や将来の姿ではないし、銀行口座やソーシャルネットワークのプロフィールによって示されるものでもない。動物は、私たちが見せようとするうわべの姿ではなく、真の性質——攻撃性、不安、自信の欠如、幸福感、落ち着き、といったものを見る。オオカミには隠された感情を読み取る能力がある。彼らの前にあって私たちは透明なので、何も隠すことはできない。

だれもが野性の世界に返ってオオカミと出会えるわけではないが、率直な気持ちになれば、私たちの持つオオカミの知恵を体験し、オオカミに出会うことができる。あるシャーマンのセミナーで、そのことを手に取るように体験した。

神秘家というレッテルを貼られるかもしれないと覚悟のうえで、私のそれまでの世界をひっくり返した一つの体験について描写したい。

二〇〇八年の秋、バイエルン州で行なわれた週末セミナーに招待された。オオカミの知恵の持つ力を人生に利用することを学ぶセミナーで、講師はキーム湖畔に住むウィリー・レーゲンスブルガー。

彼は韓国でシャーマンの奥義を習得し、彼の師匠はアメリカ、サウスダコタ州にあるパインリッジ居住区の、ラコタ族のシャーマンだった。

私の任務はオオカミについての情報や体験を受講者に説明することなので、いわばオオカミ通訳といえるかもしれない。

正直な話、かなり懐疑的な気持ちだった。私は一九八〇年代に三年間、冬季をニューメキシコ州サンタフェで過ごしたので、スピリチュアルについてはけっこう知識があった。サンタフェは当時、アメリカにおけるスピリチュアル世界の牙城といわれていた。とはいえ、シャーマンの手順によって得た体験や男女受講者の経験を、私の知識およびオオカミ体験と比較しなければならなかったので、完全に新しいことでもあった。

参加者は三日間、ウィリーの指導を受けながら、トーテムアニマルへのスピリチュアルな心の旅を行なった。それはさまざまな形のもので、叩いたり踊ったり吠えたりしながら、石膏でオオカミの仮面を製作した。

練習の一つとして〝オオカミの食生活と狩り〟というのがあって、シャーマンの太鼓の音を聞きながら深い瞑想《めいそう》状態に入る。こうしてスピリチュアルな旅を行ない、オオカミのように行動して獲物を狩る。参加者たちが語った体験談を思うと、いまでも鳥肌がたつ。たとえば、アルゴイ（バイエルン州）で農作物とハーブを栽培するエリザベート。動物園をのぞけば生まれてこのかた一度もオオカミを見たことがないのに、オオカミが雌ジカを追いかけてしとめるようすを描写したのだ。腹をすかせたオオカミ自身の狩りの体験を。

「私は駆け出した。まわりで起きていることなんて、どうでもよかった。動物に踏まれたけれど、痛みは感じなかった。空腹と、殺そうとしている動物のほかは何も存在しなくなった。そいつの首に噛みつくと、血の味がした。草の上にそれが倒れたとき、大きな肉片を噛みちぎった。おいしかった。やっとのことで腹いっぱい食事ができた。温かくて心地よかった」

ほかの参加者の描写も、ほんもののオオカミの生活に驚くほどよく似ていた。動物園にいる捕らわれたオオカミは生きた獲物を噛み裂くことはない。野生オオカミにしか見られない行動なのだ。詳細を知っているのは少数の専門家だけなのに、しろうとの人々が描写するとは。驚かされるとともに、魅了された。

その夜行なわれたオオカミの踊りは、イベントのクライマックスとなった。手製のオオカミ・マスクをつけた参加者たちは、太鼓の響きに合わせてオオカミの群れに変身した。オオカミのコーラスを私は知っている。参加者たちの声は不気味なほどほんものに似ている。それはオオカミをまねている人間の声ではなくほんとうのオオカミで、私は群れの真ん中に立っているような気がした。近辺の家畜小屋にいる牛たちは、この夜さぞかし恐れおののいたことだろう。

シャーマニズムについてどのように考えるかは各人の自由だが、自分の世界を広げようとする人に多くの認識をもたらすものといえる。

このセミナーで確信したことがある。私たちはみな、オオカミ、動物、自然、野性といったものをもともと持っていて、それらをいつでも表出することができる。セミナー受講者はオオカミをここで知ったのではなく、自分自身をオオカミとして体験し、オオカミや自分の人生について理解を深めた。

野生オオカミとの出会いは、現実であるかスピリチュアルかを問わず、私たちの存在の本質を変化させる。

オオカミと野性を通して、実存的かつ精神的な疑問を抱く。私はだれ？　なぜここにいるの？　人生の意味は何？　あらゆる動物が持つ神性のきらめきを、私たちは自分のなかに感じる。ただし、オオカミはこうした疑問を抱かない。私たちにとってトーテムアニマルであろうとなかろうと、彼らは気にしない。人間が彼らを祭壇に祀《まつ》ろうが憎悪しようがかまわないばかりか、人間が存在することにすら興味を持たない。人間は彼らが順応する環境の一部にすぎない。

もしかすると、オオカミにとって重要性を持たないことが、私たちにとっての最大の贈り物かもしれない。自然と接するとき、もう少し謙虚になるべきかもしれない。人は自然にとって重要だと考えるのはそろそろやめて、ただ存在すればいい。そうすれば、これまでになくオオカミに近づけるだろう。

人間とオオカミ
愛と憎悪の困難な関係

事実がなくなれば、
空想は驚くべき怪物をつくりあげる。
——フランシス・ゴヤ（ベルギーのギター奏者・音楽プロデューサー）

次のシーンを想像してほしい。会議室のテーブルのまわりに少数のオオカミが座っている。世界中から集まった、教養のある賢いオオカミたちで、とりわけ悪名高い二本脚生物ホモ・サピエンスの生物学について熟知している。彼らがここに来たのは、過去数千年間における人間との関係について話し合うため。彼らがどんな発言をするか、想像できるだろうか。

人間という種族の残虐行為や、祖先のオオカミ類に対する戦争犯罪に対して憤慨するかもしれない。あるいは二本脚生物の奇妙な想像や、オオカミとの関係における事実と空想をごちゃまぜにしていることを笑うだろうか。大昔の人間がオオカミに対して畏敬の念を示し、家族で群れをつくる生活を模倣していっしょに狩りをしたことを賛美するものもいるかもしれない。また、二本脚生物のあいだでオオカミ人気が急上昇していることも、やはり議論のポイントになりそうだ。

オオカミと人間の関係について徹底的に概観すると、個性や側面が非常にたくさんあるので一般化するのは不可能だ、という結論に達するだろう。

長い時間枠で徹底的にオオカミに接してきた人間たちも、同じ結論に達する。オオカミと人間の関係にはじつに多くの異なるイメージがあって、十把一絡げにはできない。オオカミについて私たちに語れることも少ない。オオカミが存在するのは、結局は観察する人の目のなかに限られる。科学者の描写するオオカミもあれば、人々の頭のなかに存在するものもある。各人の個人的、文化的、社会的条件によって構築されたオオカミ像。それは、私たちが思い込んでいるオオカミと、そうあってほしいと望むオオカミをミックスしたイメージなのだ。ここでは、(オオカミとの関係に限らず)人間の生活をいつも困難にしてきたもの、つまり先入観が問題となっている。

私たちの心には、何らかのルサンチマンがある。その対象は外国人、イスラム教徒、同性愛者、働く女性、莫大な遺産の相続者……例をあげればきりがない。ここにオオカミも含まれる。

先入観はきわめて人間的な性質で、脳内にしっかりと根づいている。これは現実とは無関係で、おおざっぱにいうなら、情報処理に使うエネルギーを節約するための脳のトリックだ。周囲の状況をいちはやく整理できれば思考プロセスの許容量は増えるので、危険に反応しやすい。だが、先入観がひとたび内面化されると、容易には取り除けない。先入観は情報処理を支配して、ことあるごとに正しさを実証するからだ。事実、私たちは人生を方向づけるために〝前判断〟を必要とする。出会うことがらをいちいち個別に分析しようとすれば、圧倒される。そのため、われわれの感覚は、事象を単純化して分類するよう指示されている。

先入観は多様で複雑なため、解体するのが難しい。オオカミに対する人間の考えかたは、早くも子ども時代に影響を受けている。伝説や神話はいろいろあって、赤ずきんをかぶった少女がオオカミに食べられる話やオオカミに襲われる七匹の仔山羊の童話を通して〝大きな腹黒のオオカミ〟というイメージが定着する。さらに軽視できないのは、世論はマスメディアの間違った報道や不十分な報告に左右されやすいということだ。ネガティブなイメージのおかげで、人間の利害と種の保存の妥協案を見出すのが困難になっている。

セミナーを開いたり人々と話したりするたびにあらためて実感するのだが、〝大きな腹黒のオオカミ〟という象徴的な地位は人々の頭にいまもしっかりと根づいているため、生物学上の事実はあまり意味を持たないようだ。オオカミに殺された人間はどれだけいるか、といった実際の数値を知る人は少ない。ヨーロッパで過去五〇年間にオオカミに殺されたのは九人で、そのうち五人は狂犬病にかかった個体に襲われた。あとの四人は子どもで、オオカミに餌を与えているスペインの小村のそばで遊んでいて被害にあった。このような事実にもかかわらず、オオカミはすぐそこの垣根の裏に隠れて、子どもを殺して食べようと待ちかまえている、と信じている人もいる。実際にオオカミに殺される危険はゼロに近いというのに。

オオカミを怖がるのなら、まずは車に乗るのをやめたほうがいいだろう。オオカミに殺されるより、交通事故で死ぬ確率のほうがはるかに高い。飛行機に乗る、嵐のときに外に出る、といったことも、オオカミより危険だ。それどころか、牛のいる牧草地に行くのを避けるべきかもしれない。ホオジロザメに殺されるより、一年に牛に殺される人のほうがはるかに多いのだから。もっと危険なのは職場で、ドイツでは年間三〇〇人がストレスが原因で死亡している。オオカミは、人間を殺す動物二〇種類のリストに含まれず、ベスト四が犬、トップは人間だ。つまり、オオカミより危険なものはたくさんある。

さいわい事実を解明しようという努力のおかげで、オオカミは怖くないと主張する人は増加しつつある。だが、近所の森林公園にオオカミの群れが棲むことに異存はないか、と個人的にたずねると、弾丸のような答えが返ってくる。「とんでもないわ。そんなつもりじゃなかったの。森林公園だなんて。子どもたちと散歩に行けなくなるわ」

オオカミはいいけど、うちの近所はだめ、というわけ。

不安は、現代人が闘う最大の病気といえる。敵、知らない人、隣人や自分自身、権力や愛に対する恐怖感。オオカミは、悪質で恐ろしいもののもう一つのシンボルにすぎないことも多いようだ。

恐怖は、オオカミを絶滅に導いた大きな理由の一つだったのではないだろうか。見識ある人なら、オオカミが人間を食べないことを知っている。それでもオオカミが棲む森のなかを歩けば、不安そうに周囲を見まわす。小枝の折れる音がしたのではないか（ちなみに、オオカミはまったく音をたてずに移動するので、小枝が折れることはない）、影が動いたのではないか、と。オオカミに対する恐怖は、人間の遺伝子の奥深くに組み込まれている。「クモやヘビに対する恐怖と同じく、生物学的にプログラミングされている」と、進化心理学者ハラルド・A・オイラーが表現している。ほかの人が怖がるのを見ただけで不安を感じるということだ。恐怖症を持つ人の多くはネガティブな体験をしていないし、そうした生物がほんとうに見かけほど危険かどうかを知る機会すら持ったことがない。それでも早急に判断をくだす。

先入観がどれほど滑稽で恐るべき事態を招くかということを、セミナー受講者のマヌエラ・L（仮名）の体験が示している。

ヘッセン州出身のマヌエラは、久々にドイツ国内で休暇を過ごした。ドイツのオオカミ棲息地を記した地図を見て彼女が選んだのはザクセン＝アンハルト州にある小さな村で、周囲一帯はオオカミの縄張りらしい。マヌエラは、まだ見たことのないオオカミを一目見たい、それがだめなら遠吠えだけでも聞きたい、と願っていた。「近くにいるかもしれないって思っただけで、わくわくするわ」と、彼女は語った。ある日の早朝に双眼鏡をリュックサックに入れ、犬の散歩のためにホリデーハウスを出た。一三歳のボストン・テリア・ミックス犬のエマは彼女のそばにいたが、四歳のホファヴァルト・ミックス犬フライアのほうは一〇メートルのリードをいっぱいに引っ張って、しきりに藪のなかを嗅いでいる。

そのとき、おびえた女性の声が聞こえた。

「あそこ、オオカミよ」

「よせよ、ただの犬じゃないか」と、男の声が応じた。

まもなくお年寄りの夫婦が小道に姿を現わした。二人ともハイキング服姿でリュックサックを背負っている。フライアはすでに飼い主のところに戻っていた。

「ごめんなさい。あなたの犬をオオカミと間違えたの」と、女性が詫びた。

「ここでほんとに本物のオオカミが見られると思いますか？」。マヌエラはたずねた。具体的なヒントが得られるかもしれないと思うと、鼓動が高まる。ところが、相手の男は怒りを爆発させた。

「あの悪党め。知り合いの森林管理人と猟犬をめちゃくちゃに食いちぎりやがった。見張塔の下におとなしく寝てたってのに」

男の顔は赤らみ、額の血管が浮き出す。

「この近辺で一〇〇匹以上のムフロン（野生の羊の一種）を食い殺して、死骸を置き去りにしたんだ」

マヌエラに向かってどなりつける男の声が裏返った。マヌエラは一歩後退する。

「政治家はいつになったら手を打ってくれるんだか。強硬な処置をとってもらわんと。だが、いまましいことに動物保護団体や環境保護団体のロビーが強すぎる」

女性が強く同意してうなずくと、眼鏡が鼻からずり落ちそうになった。

「ここじゃ、子どもたちと森を散歩することもできないんだから」と、ののしる。「あっちの農家では、庭で赤ちゃんをベビーカーに乗せて、目を離すこともできないのよ。赤ちゃんが泣き出したとたんに、オオカミが気をそそられて近づいてくるんだから。ベビーカーから赤ちゃんを奪うために」

女性は目に涙をためている。赤ちゃんをかわいそうに思ってなのか、罪のない子どもたちを狙う血に飢えた獣に対する憤慨なのか、マヌエラには判断しかねた。

「こんな事態にならなければ、ここでは対策を講じてもらえないんだから」

女は、マヌエラの横でおとなしく寝そべっているエマとフライアを、残忍な猛獣の代表であるかのように腹立たしげににらみつけた。

「専門家が言ったんだから。猟師の人」

女はきっぱりと話を結んだ。

いきなり中世に迷い込んだのだろうか？　マヌエラは、ハイキング中の夫婦の説明にそっけなくうなずいて聞き流すことにした。再び歩き出そうとして、リードをぎゅっと握る。

ところが、男は妻より劇的に話すべきだと決意したらしく、ジャケットに隠れていたベルト後部のホルダーからピストルを抜き取った。

「何カ月も前から、森を歩くときはかならずこいつを携帯している」

男は文句を言い、マヌエラの目の前でピストルをもてあそんでいる。彼女は二匹の犬をそっと自分の後ろに引き寄せたが、男はさらに怒りをぶちまけた。

「そんなけだものに出会ったら、さっさとけりをつけて死骸を森の土に埋めてやる。そうすれば、探知機でオオカミを追跡する頭のいかれた動物愛護家にも何もできまい。狩りをする友人がいつも言っていることだが、猟師仲間がいまのところ厳しい処置をとれずにいるのも、そのためなんだ」

マヌエラは、何も知らないふりを装う。

「え、何のこと？」

「動物愛護家はオオカミがどこに行こうが探知機で探知できるから、撃ち殺すところを押さえられれば高くつきかねない」

「カール、それ、しまってよ」。女が言い、ピストルを持った夫の手を下に押しやった。「若い女性を怖がらせているじゃないの」

そのとおりだった。老夫婦と別れ、犬を連れてしばらく歩いたとき、マヌエラは考えた。男が妻と同じくフライアをオオカミと見間違えたとしたら、フライアは殺されていたに違いない、と。

この話をしたとき、マヌエラはまだ興奮状態にあった。今後もまた〝オオカミ休暇〟を過ごしたいと考えているのだろうか？

「気が進まないわ。まずは安全な地域に行きたい。オオカミじゃなくって、二本脚生物の危険のないところに」

この描写を読んで、まさかと思うかもしれないが、偏見、無知、非寛容はいまだに存在する。これらは、オオカミの存在を脅かす主な原因でもある。

子ども時代に体験した悪質なものを気にかけない人はいない。家畜化されたきょうだいである犬が数千年来いつも家族のなかにいるので、オオカミはほかのどの動物より身近に感じられる。オオカミが大好きな人と大嫌いな人、親しみを感じるか、または恐怖を感じるかに分かれる。「この動物はわれわれの世界には属さないから、絶滅させられて当然。オオカミは野性に、人間は農地に属するから、共生は無理」という説明がいまのところ通っている。または「オオカミに反対はないけれど、人の邪魔にならない場所に限る」とか、バイエルンその他の自然保護区にオオカミを連れていき、「どうにかして」そこから出ないようにすればいい、などというばかげた提案まである。柵で囲めということだろうか。事実上不可能であることをさておいても、それでは動物園であって野性ではなくなる。クマやオオカミやオオヤマネコを〝野性のシンボル〟として檻に入れて人間の支配下に置く……自然をそのように思い描いているのだろうか。

オオカミは私たちよりずっと先を行っている。人間が重視する野性と農地を、彼らは区別していない。私たちのなかに順応して生きている。十分な獲物と隠れ場所さえあれば、シナントロープ〔訳注：人間社会の近くに棲息し、そこから恩恵を受ける野生の動植物〕であるオオカミはどこでも生活でき、たいていはひっそりとそうしている。

だが、野性の真の意味について人間はさまざまな意見を持ち、オオカミはその真ん中に捉えられている。反オオカミ派は、オオカミを人間から遠ざけて自然に帰したいと願い、親オオカミ派は、オオカミも人間も自然の一部だと考えている。

野性と自然は、人間とオオカミと同様に分けて考えることはできない。野性にはかならず人間の手がかかっている。すでに数千年にわたって自然には人間が存在し、人間の影響を受けている。野性ははるか昔から人間に順応してきた。森林の開墾や農地の激増のために、野生動物はもとの棲息地から都市へと追いやられた。ベルリンで繁殖する鳥の数はアイフェル自然公園内より多く、アライグマ、イノシシ、キツネといった動物は都市において〝問題化〟している。ウサギを狩るよりファストフード店のゴミ容器を漁るほうが楽だということや、物置小屋は寝心地がいいことなどをすぐに覚えて、それまでずっとしてきたとおり、状況に順応した。だが、彼らには順応しきれない。

ドイツでオオカミの棲息数が最も多いのは、陸軍演習場や放置された露天掘り鉱山など、人間の手がかかった場所で、これほど生物の種類が多く〝野性的〟な区域はほかにはない。原発事故のあったチェルノブイリにおいても、事故から三〇年後には動植物の種類が驚くほど増加した。多数の健康なオオカミもそこに含まれる。高濃度の放射能に順応し、隔絶と静寂のなかに生きる動植物。だが、自然や野性といった概念で私たちが想定するのは、これとは違うのではないだろうか。

人間は自然を手なずけて抑圧しようと無駄な努力を続け、放置することはなかった。現代の社会は、一〇〇年前には考えられなかった方法で自然をコントロールしている。人間は野性ではなく、安全を求めているのだ。オオカミが棲息する森をハイキングするときは、戦闘にでも行くような装備を整える。ベルトに催涙スプレーを差し、ポケットに防犯ホイッスルを入れ、非常事態にそなえて携帯電話を用意しておく……電波が届かないというのに。

周囲にあるものをすべてコントロールしなければ気がすまない文化では、出会う野生動物すべてについて、コントロール可能かどうかという疑問を抱く。そのため、捕食動物の棲む場所はないから絶滅させるべきだと考える人々もいる。われわれの祖先は、オオカミやクマのための場所はもうないという理由で死滅させたかもしれない。だが、それとは逆に、オオカミは自由な自然と健全な環境の象徴であるという人々もいる。こうした人々は、大型の犬類は最高に利用価値があるので、経済的には大きなマイナスであっても、人間のほうが彼らに適応するべきだと考えている。

そのほか、自然のようなロマンスにかまっている時間も理解も持たない人たちもいる。生きるために毎日あくせく働かなければならず、自然は障害物でしかない。希少植物の生育地であるために高速道路を建設できないとか、自然保護の理由から建設計画が実現されず、職場が失われるケースがそこに含まれる。あるいは、資金がなくて羊の群れを保護する対策が講じられない農家や、その気のない農家は、羊がたびたびオオカミに襲われれば群れを維持することができなくなる。そうなると、近所に棲息するオオカミの美しさを賛嘆するどころではあるまい。とはいえ、私の職業上の経験によると、有用動物の所有者が反感を抱くのはオオカミそのものではなく、規則、禁止事項、家畜保護補助金や損害賠償金を受けるまでに踏むべき煩雑な手続きや書類の山、眠れない夜、国家や環境官庁による保護といったものに対してであることが多い。捕食動物がいないほうが生活が楽なのは明らかだ。つまり、これもオオカミ反対の理由の一つといえる。

オオカミに関しては、賛成派も反対派も似たような問題を抱えている。動物の持つあらゆる側面を生活のなかに受け入れ、私たちの住む土地に彼らの棲む場所を認めること。

オオカミに対して深い感情的つながりを感じる人は多い。オオカミを知性が高く美しい社会的動物とみなし、反対派たちの攻撃から守らなければ、と考える人たち。純粋かつ神聖で誠実な動物、文明の犠牲者、自然に従属するもの。

だが、このような想像は現実にそぐわない。捕食動物であるオオカミは餌動物を狩るので、保護されていない家畜も殺す。また、めったにない特殊なケースだが、人間を襲ったこともある。オオカミ夢想家たちはこうした事実を認めようとしないばかりか、オオカミが動物を狩ったり殺したりするのはむしろ偶然だというイメージを与えようとすることもある。

オオカミは、獲物の喉に噛みついて一発でしとめるのではなく、動物がまだ生きているうちから食べ始める。それは、人間と共通点の多い神聖な動物というバラ色のイメージとそぐわない。オオカミと直面したときに人間が感じる自然への愛は、理想化された自然観なので問題がある。オオカミ嫌厭《けんえん》家も夢想家も、それぞれの想像、イデオロギー、個人的見地から動物を捉えており、現実的に見ていない。オオカミのように威厳のある動物に対して深い感情を抱くのはたやすいが、その感情を、オオカミは捕食動物の最上位にあるという知識や、生物はほかの生物に食べられ、結局は人間も肉食動物である、という事実と結びつけるのは難しい。

私たちに欠けているのは客観的な視点なのではないだろうか。オオカミもじつはふつうの動物にすぎない。オオカミといっしょに生きるつもりなら、現実的かつ合理的にアプローチして、事実と空想を区別する必要がある。人間とオオカミが共存するには、それしか方法がない。

だが、そのために何をしたらいいのか。この質問を、写真家・環境保護論者のジム・ブランデンバーグにしたことがある。一九九二年にミネソタ州の自然のなかに引っ越したとき、ジムはちょっと離れた隣人だった。私はイーリー市にある彼のギャラリーを訪ね、オオカミや先入観について彼と語り合った。それに先立って、ギュンター・ブロッホとともにドイツで〝オオカミ擁護協会〟を設立した。その八年後に公式に復活することになる野生オオカミについて啓蒙するためだが、違法入国する個々のオオカミが射殺されるケースがときどきあったので、対策を講じたいと思ったのだ。ジムは私に貴重なアドバイスをしてくれた。「人々を説得したいのなら、裏口を使うこと。正面玄関から入ったのではうまくいかない。これはすべてに通用する。タバコ、酒、車のスピード、オオカミ殺し……人々は変化に対する用意がある。でも裏口を使わなくちゃ」

私の仕事は、基本的には人々の頭や心の裏口を探すこと。私たちは愛するものを守り、知っているものを愛する。そのため、私は事実に基づく知識とともに、オオカミとの感情的つながりを探した。そのための最も美しい方法の一つが、オオカミとの出会いだ。

イタリア人生態学者・オオカミ研究家ルイージ・ボイターニが穿ったアドバイスをしてくれた。「オオカミの棲む場所に人々を連れていくこと。夜に遠吠えを聞かせ、彼らの食いちぎった獲物の死骸や足跡や糞を含めてすべてを見せること」

私自身、そのことを経験している。オオカミを現実的に見るためには、彼らの棲む世界に入っていかなければならない。追跡用首輪をつけてモニターで動きを追うとか、動物撮影用カメラで写した映像を数秒のぞくだけでは十分ではないし、檻のなかの生活を観察しても、動物の性質は少しも理解できない。独立の個性を持つオオカミの全体像を把握するには、彼らの棲む場所に行くしかない。といっても、彼らを追いかけるのではなく、離れた場所から辛抱強く観察してアプローチする。土にまみれ、寒さに震え、忍耐という高度なスキルを使って、あるがままの姿を観察する。

カメラとメモ帳を膝にのせて日当たりのいい草地に座り、オオカミの子どもたちが遊ぶようすを一日中のんびりと笑顔で眺める……このようにしてオオカミの実像を理解することはできない。マイナス三〇度の戸外に何時間も立ったまま、眠っているオオカミを眺め続けることもある。耳の先や尻尾の先端がかすかに動くのを待ちながら。

オオカミ・ウォッチングでは、厳しさや残酷さ、食い裂かれた餌動物、血や砕かれた骨を眺めることになる。シカを食い裂いたり、気に入っていたほかのオオカミを殺したりという残忍さに出会い、目を閉じたり、逃げ出したくなることもある。だが、それが生命なのだ。子どもたちの遊ぶようすや、家族の世話をする〝神聖〟で明るく美しい面だけを見たい人は、野性では何も得られない。動物園を訪れるか、醜いシーンをカットしたナショナルジオグラフィックの映像を見ればいい。

アラスカ州のシトカで開催される鯨フェスティバルに参加したとき、生物学者たちとボートで海に出て、シャチの群れがコククジラの子どもを狩り、絶望した母親から引き離して殺すシーンを恐怖と賛嘆の混じった思いで観察したことがある。家族構造、群れで行なう狩りの戦略といった点でシャチはオオカミとよく似ている。〝海のオオカミ〟と呼ばれるのもそのためだろう（英名はkiller whale）。

オオカミの魅力を理解したいのなら、暗い部分に目をつむるわけにはいかない。自然の持つあらゆる側面を受け入れたとき、それらはすでに心のなかに存在していることに気がつくだろう。

ようこそオオカミたち
ドイツにおけるオオカミとの共生

現代のある日、善良な男がオオカミに出会い、その野性に驚いた。動物は深く慎重に男の目を見つめる。ほんのつかのま無動で見つめ合ったのち、男は訊いた。「きみは困難な生活を送っているようだ。それを避けるために、われわれ人間にできることはあるか」オオカミは短い沈黙ののちに「私を忘れてくれ」と、答えた。

――ピール・ジョヴァンニ・カペリーノ（ペットフードメーカー創業者）

二〇一七年一月下旬、私は再びオオカミを探しに出かけた。四人の友人とともに今回訪れたのは、アメリカのワイオミング州ではなく、ニーダーザクセン州リュッホ・ダンネンベルク（別名ヴェントランド）だった。この友人たちとは、すでに何度もイエローストーンでオオカミ・ウォッチングをしたことがある。ニーダーザクセン州でオオカミを目にするチャンスは無にも等しいとはいえ、付近にオオカミがいると知るだけで十分だった。一オオカミ家族の縄張りのなかにいるということだから。

このオオカミ・ツアーにあたって、なぜオオカミを必要とするのか、という問いの答えを出したいと考えていた。

家屋四軒からなるデュッベコルド村は、ゴルレーベン市から三〇キロの距離で、リュッホ・ダンネンベルク郡にある国有林ゲールルデのへりに位置する。ドイツ北部最大の混交林地帯であるゲールデは、多数のオオカミの故郷だが、彼らが森のなかでハイカーに姿を見せることはめったにない（恐怖を感じるか魅了されるかは、出会った人による）。私たちは早朝に出かけた。昨夜降雪があったので、足跡が見つかるか、せめて遠吠えが聞こえるのではないか、という期待は大きかった。ガイドを務めるケニー・ケナーは、殺されてまもないノロジカの死骸とオオカミの足跡を、前日にこの付近で発見したという。

私たちは探検を始めた。四時間にわたって森や畑を歩きまわるあいだ、視線はだいたい地面に向けたままだが、ときどき周囲を見まわした。オオカミがこっそりと忍び寄らないとも限らないから。だが、おそらくやかましすぎるのだろう。ガイドを含めて六人の人間と犬一匹が森のなかを移動すれば、オオカミに気づかれないはずはない。それでも満足だった。森の小道でオオカミが走り去った足跡を発見したのだ。歩幅一・二二メートル、各足跡は幅七センチ、長さ八センチ（爪をのぞく）。そのほか尿の跡と糞が見つかったのは、すごい収穫だ。毛と骨の混じった糞が数カ所にあった。ケニーはバッグのなかから装備品を取り出し、糞のサンプルをパレットナイフで取ってアルコールの入った試験管に入れた。これはDNA検査に送られる。彼は書き込みを入れてから、採取場所と周囲の写真を撮り、ついでのようにゲールデの動植物やオオカミについて説明してくれた。

オオカミはここにいる。親夫婦と六匹の次世代。もしかすると、茂みのなかから私たちを観察しているのかもしれない。私たちの持つすべてのアンテナは受信にセットされた。オオカミの領域にいると知っただけで、いつになく注意深く活発になる。

数年前までは、ドイツ国内でオオカミ探しに出かけるなんて想像もできなかった。そのために飛行機でアメリカまで行ったのに、いまでは故郷でもオオカミを見ることができる。こうして出発点に戻ったわけだ。

といっても、みんなが私のようにオオカミの存在を喜んでいるわけではない。この動物はいまも諍いのもとであり、懐疑心からあからさまな恐怖にいたるまで、さまざまな反応を引き起こす。前章ですでに述べたように、羊飼いは羊を、ハンターたちは野生動物を、ハイカーは身の安全を心配している。オオカミ戦争はいまもある。かつてはオオカミに対する人間の戦いだったが、現在ではさまざまな政治生態学の前線において、オオカミに関するありとあらゆるキャンペーンが行なわれている。

家畜を食料源の基礎とする地域では、人々は不安を感じている。羊、牛、馬の飼育業者は、どのように家畜を守り、補助金や損害賠償を申請するかということで頭を悩ませている。オオカミが戻ったおかげで生活は複雑化した。彼らの考えによると、都会人や動物好きは田舎の人々の権利と必要性を踏みにじり、身勝手な自然のイメージを押しつけようとしている。そして、その世界を象徴するのがオオカミなのだ。だが、このようなやりかたで彼らが親オオカミ派になることはない。というのも、オオカミは非常に厄介な隣人となりかねないからだ。

オオカミが近隣に棲息することを示す最初のしるしは羊の死骸であることが多い。チャンスを利用するのが得意なオオカミは、楽にしとめられる動物を殺して食べる。保護柵のない羊や仔牛がそうで、私たちを〝怒らせる〟ためでも生存を脅かすためでもない。人間が餌として提供したからなのだ。監視下にない羊は手軽な餌だということがわかれば、食料源として何度でも利用するだろう。正直なところ、そうしないと考えることはできない。皿に盛ったステーキが提供されるのに、わざわざ森に狩りに出かける人がいるだろうか。オオカミがそれを拒否すると考えるなら、彼らの知性を侮ることになる。

家畜所有者は、オオカミが思考するように考え、それに従って家畜を守る必要がある。それには電気柵と牧羊犬を組み合わせるのがいちばん。たくましい大型犬は、羊や牛を保護するために、南欧や東欧のオオカミ棲息地において数千年来使われている。家畜を自身の〝群れ〟として守る動物は、ほかにロバやラマがある。

たしかにこうした保護は手がかかるしコストも高い。だが、各州が促進し、家畜所有者が所定の保護対策を行なっている場合には、殺された家畜に対して損害賠償が支払われる。オオカミ棲息地に生活するための現実的な代価といえるだろう。というのも、オオカミが存在することには意味があるからだ。

オオカミが羊の群れに侵入して何匹かを殺した場合、その光景を目にしたときの農家のショックや憤慨が大きいことは理解できる。それでも、犯人は血に飢えた殺人鬼ではない。捕食動物が食料基盤を壊すはずはないので、行動生態学的にも道理に合わない。

これは過剰殺戮《さつりく》という珍しい現象で、悪名高い〝鶏小屋のキツネ〟と同様に、オオカミは動くものがなくなるまで噛みつくのをやめない。オオカミが餌動物を何匹殺すか、そのうちどれだけを食べるか、といったことは、羊が簡単に捕まるかどうか、人間に邪魔されるかどうかにかかっている。羊は柵に囲まれた狭い場所にかたまっていて逃げられないことが多く、オオカミの格好の餌食となりやすい。

オオカミは、通常は動物の死骸をできるだけ食べつくす。複数の羊が殺されたこの特別なケースでは、走りまわる羊たちに邪魔され、そのたびに狩猟反射が活性化されたために食べることができず、殺された羊は放置された。野生動物の世界では、過剰殺戮はめったにない。

自然保護会議で数人の牧羊業者と話したところ、「羊たちがみんなオオカミの餌になってしまう」ようでは、じきに牧羊を廃業しなければなるまい、と苦情を言っていた。保護対策はコストが高すぎる。「こうして書類を記入しているあいだにも、オオカミは悠々とうちの羊を殺しているんだから。われわれにオオカミは必要ない。イタチやカワウやカラスも同じだね」。若い牧羊家は、小声で次のように言い添えた。「オオカミは絶滅した。それでよかったんだ」

人間は被創造物の頂点に立つと考え、どの動物が生きるべきかを決定する立場にあると自負する人は、生態系のつながりを認識できない（その気がないこともある）。変化が生じるたびに反対し、それによって自分自身をブロックしている。率直な気持ちで新しい状況に順応すれば、驚くようなサポートが得られることもあるのに。たとえば、オオカミから。

じつはオオカミも〝牧羊〟に優れていることは、少数の人にしか知られていないすばらしい現象だ。オオカミはふつう、父母や祖父母から〝安全な〟栄養として教わった伝統的な餌を食べる（栄養刷り込み）。ドイツ国内ではノロジカ、アカシカ、イノシシがそれに当たり、ザクセン州では野生有蹄類がオオカミの餌の九四・九パーセントを占めている。羊や牛の肉でポジティブな経験をしたことのないオオカミは、その種の餌に興味を持たない。自然保護会議で言葉を交わしたある牧羊業者は、この知識を利用してオオカミを動員しているという。〝わが家の〟群れについて、彼は誇らしげに語った。「うちのすぐ近くに七匹のオオカミが棲んでいて、羊たちのそばを通過して縄張りにマーキングするのを、ときどき見かけます」。一度、一匹が電気柵をテストしたところ、ここの羊は〝嚙みつく〟と判断した。それは家族にも伝達されたらしく、オオカミに殺された羊は一匹もいない。その代わりに、よそもののオオカミから縄張りを守ってくれる。「こんなラッキーなことってないですよ」と、牧羊業者は言う。「うちのオオカミに危害を加えるものがないよう、いまではすごく気をつけています」

このような真の協力は、オオカミがそこにいる限り続く。縄張りから移動したりリーダーが殺されたりすれば、事態は急変することもある。オオカミは非常に知性が高く順応性のある動物であることを忘れてはならない。のんびりとくつろいで過ごす時代は終わった。オオカミが人間に順応するように、人間もオオカミに順応しなければならない。彼らより常に賢い手を打つことが要求される。

オオカミに対する考えかたは、こうして徐々に変化しているようだ。オオカミとの共存という点で東欧・南欧諸国はドイツの先を行き、ブルガリア、ルーマニア、イタリア、スペインの人々は昔からオオカミと共存している。ドイツ人はおおげさな反応をとるのに対し、彼らは落ち着いている。羊がオオカミに噛み殺されれば腹を立てるが、すぐに数を減らせと要求することはない。

オオカミ・ガイドとドイツ自然保護協会（ＮＡＢＵ）のスポークスマンを務めるケニー・ケナーは、家畜の保護を奨励している。ルーマニアの牧羊家との会話で、羊がオオカミに殺されたらどうするか、と質問したところ、「恥ずかしく思う」と答えたそうだ。

当惑して「恥ずかしい？」と訊き返したときの相手の返事に、彼は心を打たれた。

「僕はダメな羊飼いってことになるから、ほかの牧羊家に対して恥ずかしく思う。僕は動物に対して責任を持ち、彼らを保護しなければいけないのに」

ドイツの畜産業者にも見習ってほしい態度だと思う。オオカミを好きになる必要はないが、オオカ

電気柵で保護されている山羊と羊。オオカミは脇を通過する。

ミから保護するくらいの愛情を、所有する羊に対して持ってほしい。これこそ生きたオオカミ保護といえるだろう。いつまでも愚痴や文句を言い、責任を国家に押しつけ、生の営みをしているだけの捕食動物を悪者にするのではない。みずから責任を負い、生命をあるがままに受け入れるということ。オオカミもその一部として。

ドイツでオオカミについて啓蒙しようとすれば、太い神経と適度なユーモアを必要とする。意見の分裂しているほかのテーマ（難民問題など）と同じく、どうかしているとしか思えない主張をする人々がいるからだ。

数年前にネットに出現した〝荷台オオカミ〟という陰謀論もその一つ。オオカミはトラックの荷台に詰められて東欧から運ばれ、わが国で放たれたという理論だ。あるいは、東欧で交配されたオオカミが密輸されたため、ドイツには〝純粋な〟オオカミはおらず、保護の対象にはならない、というものもある。こうした理論すべてに対して科学調査が行なわれ、〝虚偽報道〟であることが確認された。

荷台オオカミのような陰謀論は、各種狩猟雑誌やフォーラム等にほぼ定期的に出現する。二〇一四年一月二七日、これらに総括的に対処するため、連邦警察は記者団に対してユーモアを交えた説明をしている。

「二〇一四年一一月上旬、税関の役人は、白いフォルクスワーゲン・トランスポーターT4内に、ほかの積荷とともに〝ステッペンウルフ〔訳注：ドイツ語でコヨーテのこと。東欧のオオカミの別名でもある〕〟を確認した。しかし、これは北米のコヨーテのことではなく、同名メーカーの自転車。盗品一四台を東欧に密輸する途中だった。報告書を作成した役人は……（中略）思い違いか、それともロックバンド〝ステッペンウルフ〟のヒット曲『ワイルドでいこう（Born to Be Wild）』が頭にあったのかは不明。ヘルマン・ヘッセの小説『荒野のおおかみ』の主人公にあやかってこの名を使った未知の連邦警察官は深い悩みを持ち、心の傷を癒すためにユーモアを求めていた可能性もある」

実際には、わが国のオオカミはすべて自然的に入国した。ドイツはオオカミを再導入したといわれることが多く、生物学者やオオカミ・ガイドのなかにもそう主張する人はいるが、実際には自然移住による。再導入とは、その地域にいなくなった動物種を人間の手で運び込むことを意味する。一九九五年から九六年にかけて、三一匹のシンリンオオカミをカナダからアメリカのイエローストーン国立公園に再導入したのがその一例といえる。ドイツに棲むオオカミは、ベルリンの壁崩壊後に自力で戻った。

マスコミは人々の考えかたに大きく影響する。私は一九九一年から『Wolf Magazin（ウルフ・マガジン）』を刊行し、オオカミをはじめとする野生犬類に関する情報をオンライン・ニュースレターで月に一度公開しているが、正しいレポートとそうでないものを区別するのに要する時間は近年増加傾向にある。組織的中傷が行なわれているらしく、見出しに〝オオカミ〟という言葉があるだけで注目を集め、必要な読者を獲得するようだ。背景についての質問や調査はなく、憶測され操作される。「ハンブルク郊外にオオカミの群れ」という見出しもあれば、「羊二〇匹殺される。オオカミのしわざか？」といった疑問形もある。

だが、〝オオカミ〟というのは見間違いで、野生化した犬であることが多い。一般人にはオオカミとチェコスロバキアン・ウルフドッグのような犬の区別はつくまい。

ここでもソーシャルネットワークの力は大きい。オオカミに関する具体的情報をネットで探すと、かなり偏ったフォーラムにたどり着くことが多い。

私のアドバイスとしては、オオカミがいまどこにいて、何をしているか、といったことが知りたい場合は、レポートを注意深く比較すること。〝専門家〟と称する人や、特別な利害団体によるマスコミ報告を懐疑的に見ること。優れた情報源は、オオカミの棲む各州環境庁の報道サイトで、ここでは確認済みの報告のみが掲載される。

ゲールデでオオカミ探しに出かけた週末、静けさと自然とオオカミに魅了されてここで休暇を過ごす人々と話をした。オオカミという観光アトラクションは、共存のもたらすメリットの一つといえる。安定した群れが形成され、ときどき目撃報告の入る場所にはグルーピーが寄ってくる。ドイツ全域はもとより国外からも訪れるこうした人々は、さびれた田舎に経済発展をもたらす。オオカミを一目見て遠吠えを聞きたいという願いがかなわなくても、オオカミのプリント入りTシャツやマグカップをお土産に買う。〝七匹の仔山羊〟といった名のホリデーハウスに宿泊し、レストランでは〝オオカミ・ランチ〟セットを注文し、のちに土産物店で〝ウルフ・ブラッド〟と名づけられたリキュールを購入する。気分はすっかりオオカミ色に染まっている。

ケニー・ケナーとバルバラ・ケナーは、子ども連れ家族を対象とするプログラム、ウルフ・ウィークを年に数回開催している。彼らの経営するビオホテル（環境配慮型ホテル）・ケナーズ・ラントルストは、カーボンニュートラル設計になっている。二〇一四年、ウルフ・ウィークは子ども連れ家族旅行部門でゴールデンパーム賞を受賞した。地球発見マガジン『ジオ』の「オオカミを怖がっているのはだれ？」という特集で、観光業界待望の賞だ。

ドイツは再びオオカミの棲息地となった。国民は、論争の的となっている四本脚生物との共存に慣れつつあるようだ。いずれにせよ、オオカミ再来からすでに二〇年が経過したが、食べられた赤ずきんちゃんはいない。ドイツの調査機関フォルサが自然保護協会に対して行なったアンケートでは共存賛成派が優勢で、二人に一人はオオカミに対して好感情を抱いていることが明らかになった。

だが、中立の態度をとる人や不安を抱く人たちは、アンケート結果に含まれていない。オオカミは美しい動物だと考え、休暇中に遠吠えを聞いてみたいとは思うけれど、一人で森を歩いてオオカミに出会いたいかというと、確信はない。子どもたちに自然とのつきあいかたや自然に対する敬意を教える一方で、木登りや知らない湖沼での水泳、危険が潜んでいるかもしれない藪のなかに這い入るといったことはさせない。今後、望もうが望むまいが、たくさんの人がオオカミとかかわるようになるだろう。そうした人たちは情報や知識を得る必要がある。オオカミの存続は、私たちの考えかたにかかっているから。

なんといっても、オオカミは私たちの生活のなかで存在感を増しつつある。もはや手つかずの自然や野性の象徴ではない。シナントロープである彼らは、気づかれずに近隣で生活し、夕方になると町のなかを歩きまわることもある。すでに何年も前からオオカミと共存しているオーバーラウジッツ〔訳注：ドイツ中東部の、ポーランドとの国境付近の地域〕では、オオカミが村落の周囲をうろついたり、夜になると家々のあいだを走り抜けたりすることもある。ときには日中のこともあり、人間とオオカミの出会いは増加しているが、オオカミはそのことにまったく気づいていないのではないだろうか。おそらく人間のほうも。

初夏になると、オオカミの子どもが成長して家族を離れることが多いので、人間に出会う可能性も増える。だが、よくいわれるように若いオオカミは「恐れを知らない」ので「危険だ」ということではない。思春期のオオカミは単に好奇心旺盛なので、探検に出かけて車や家やジョガーに接近することもある。彼らは人間の子どもたちと同じく、経験を通して学ぶ。

そのような瞬間に私たち人間の責任が求められる。この段階にあるオオカミが、二本脚生物をすばらしいものと感じたとする。たとえば、餌を投げてくれたからだとすると、賢い若者はすぐに覚え、人間に頻繁に接近するようになる。そのため、オオカミに餌を与えないことはきわめて重要だ。これは、すべての野生動物に対する鉄則でもある。

私がこれを書いているあいだに、ニーダーザクセン州に棲む若いオオカミの映像が大きな騒ぎを引き起こした。一匹のオオカミが畑を走って道路のほうに向かっている。ところが、道路にはノルディック・ウォーキング中の女性がいてパニックに陥り、オオカミに向かってわめきたてたので、オオカミはうろたえて立ち止まった。通りがかりのトラクター運転手がこのシーンを撮影し、「あっちに行け！」とどなりつけると、オオカミは再び歩き始めた。

このできごとはさまざまに報道された。「ショックの瞬間——オオカミがウォーキング中の女性に接近」、さらに「オオカミがジョギング中の女性を追いかける」というものまであり、すぐさま利害団体が「限界を超えた」「対処が必要」と求めた。いったいどんな〝限界〟なのか。ほんとうは何も起きていないのに。若いオオカミが畑を通過し、興味を持って人間に目を向け、また歩き出した。それだけのことだ。その後の過剰反応は、オオカミとのふつうの関係を取り戻す必要性を示している。

〝対処の必要性〟については、各州のオオカミ管理計画に法的規則が明記されているが、このケースはそれに該当しない。オオカミはドイツおよびヨーロッパにおいて、種の保存法によって厳重に保護されており、今後もそれは変わらないだろう。オオカミとの共存を私たちが学ぶかどうかにかかっている。

当然のことながら、野生オオカミが棲息することに不安を感じる人は多い。不安は非理性的なものであっても、たしかに存在する。オオカミを擁護する私たちは、それを深刻に受け止めて応対する必要がある。*

＊オオカミに出会ったらどうするべきかというヒントについては、付録（二四六ページ）に記した。

オオカミに出会ったとき不安を感じるのはうなずける。未知のものに対して、だれもが不安を抱いている。だが、それが存在しないかのようにふるまっても、不安がなくなるわけではない。それと向き合うことが大事で、しばらく耐えるだけですむこともある。

子どもは未知のものに対して大人より勇気があることに、感心せずにはいられない。ツェレ（ニーダーザクセン州）近郊の小学校でスピーチをしたとき、オオカミを見たことはあるか、と質問すると、二人の少女がおずおずと手をあげた。森のなかで三匹に出くわしたそうだ。

「怖かった？」

私がたずねると、二人とも激しくうなずく。

「それで、どうしたの？」

「何もしなかった。立ち止まったら、オオカミは歩いて行っちゃった」

よくやった、とほめてあげる。少女たちの行動は正しい。数日後に女教師から電話をもらい、女子生徒二人はオオカミとの出会いを誇らしく思っている、と伝えてくれた。

子どもたちは先入観を壊してくれるのではないか、と期待している。率直かつ勇敢で、新しい道を進む気構えがあり、動物との自然な関係を本能的に知っている。往々にして大人に欠けるものだ。

オオカミは、保護しようと努力する人間たちより劣るわけでも優れているわけでもない。すでに描写したようなオオカミとの共存から生じる問題は、今後もなくならないだろう。

世界中の大部分の地域において、一〇〇年前にほとんどの大型捕食動物は消滅していた。人々があらたに抱くようになった環境意識と保護運動強化のおかげで、近年になってそうした動物は再び棲息している。オオカミ、クマ、オオヤマネコが戻ってきたのは、二〇世紀および二一世紀における自然保護運動の大きな成果といえるだろう。私は長年にわたってオオカミ保護に携わっているが、この動物に対する新しい受け入れ段階に入ったことを確認した。現在行なわれているのはオオカミを救う努力ではなく、これと共存する努力なのだ。

オオカミを絶滅から救うという目標はすでに過去のもので、いまでは景色や故郷のなかにオオカミを統合させることを目指している。そのためには、オオカミとのもめごとが起きる場所で、深刻な諸問題への実用的な解決策が必要とされる。みんながオオカミを愛するように働きかけるのではなく、オオカミの存在を景色の一部として受け入れるようになるべきだろう。

私たちの任務は自然をコントロールすることではないのに、それはときどき忘れられる。私たちの仕事はオオカミの生活に介入することではなく、彼らの生きかたを保護することにある。

変化はいつも困難だし、心地よいものではない。変化が多く、大きくなれば、驚かされる。護身や不安、または過重から逃れるために、周囲に攻撃を加えることもある。でも、心配はいらない。最後にはだれもが変化に慣れるのだから。オオカミが近隣に棲息しても悪くない、と思うときがくるかもしれない。子どもや犬に噛みつくことはないし、人間を避けて通るから。森にハイキングに出かけて、オオカミの存在をときどき忘れることもあるだろう。あるいは、オオカミが森のどこかにいるという理由で感覚を研ぎ澄ませるので、ありがたく思うかもしれない。

ある日ふと目を覚まして、オオカミのいる生活に慣れたことに気がつく。〝オオカミ〟という言葉を聞いて驚くこともたじろぐこともなく、にっこりする。

私たちがオオカミを必要とするのは、なぜだろう。農業、林業、狩猟、鉱山業、開発を通して、人間は土地を形成してきた。こうして人間の手でつくられた土地に、オオカミの存在を求めるのはなぜか？　ある週末セミナーを、私はこの質問で始めた。

答えは簡単。オオカミがいてほしいと私たちが願っているから。オオカミを嫌う人は多いが、最低でも同じくらいの人がオオカミを望んでいる。オオカミが歩きまわる国では、人や動物の生活も違う。オオカミ、クマ、ヘラジカといった動物がわが国に再び棲息するようになったおかげで、土地は過去数百年間とくらべて自然かつ健康になった。

ゲールデにおける週末の探検で、オオカミを目にすることはなかった。でも、オオカミの痕跡を発見して彼らが存在することがわかったので、私も友人もハッピーな気分だった。いまやドイツでは、オオカミがいつわが家の前に現れてもおかしくない状態になった、と意識しながら帰途についた。

おわりに
W・W・W・D

われわれはみんな死ぬ。
目標は永遠に生きることではなく、永遠に存続するものをつくること。
――チャック・パラニューク（アメリカの小説家）

「W・W・J・D」という表現は「イエスならどうするだろう（What would Jesus do?）」の省略形で、一八八六年に刊行されたチャールズ・シェルドンの本のなかでジェイミー・ティンクレンバーグというビジネス・レディが考え出したものだ。何かをするとき、イエス・キリストはこの状況でどう反応し、思考したり行動したりするだろうか、と自問するというアイディアで、この標語を刺繍したブレスバンドは、アメリカの若いキリスト教徒のあいだであっという間に普及した。ブレスバンドはのちにブームとなり、これまでに五二〇〇万個以上売れたという。

このイニシャルは覚えやすいので、自動車産業が飛びつき、燃料消費量の多いオフロード向け大型車のキャンペーンに「イエスならどの車に乗るか（What woud Jesus drive?）」というキャッチフレーズに変えて使った。

こんなことを書いたので、どうしたのかと思うかもしれないが、本のタイトルは変わっていないし、宣教するつもりもない。二〇一〇年四月一五日、翌日のイエローストーンへの出発にそなえてスーツケースに荷物を詰めた。赤ちゃん誕生シーズンにあたり、私は一六年前から定期的に立ち会っている。一月から二月にかけてつがうようすを観察したが、その結果である赤ちゃんが四月に洞穴からよちよちと出てくる。私にとっていつも特別なできごとで、楽しみにしていた。

ところが、翌日のヨーロッパ各空港の出発便および到着便はすべてキャンセルになったことをニュースで知った。アイスランドの火山エイヤフィヤトラヨークトルが噴火し、火山灰のためにヨーロッパ中北部の大多数の空港が閉鎖されたのだ。

イエローストーンには超巨大火山があり、私は数十年前から定期的にそこで暮らしている。出発前になると、私の身を気遣う親戚から「クマ（オオカミ、ピューマ）に襲われたらどうするの？」と訊かれるほか、「イエローストーンの火山が噴火したらどうするの？」と質問されることもよくある。ところがいま、アイスランドの名前さえ発音できないちっぽけな火山がちょっと咳込んだだけで、すべてがストップしている。母なる自然はじつに独特なやりかたで私たちに謙遜を教える。

W・W・J・Dに話を戻そう。各空港が混乱しているようすをテレビで見ながらアメリカに行くチャンスはないかと思案していたとき、ふとこのスローガンが思い浮かんだ。「オオカミならどうするだろう？（W・W・W・D）」に変えて使おう……私はとっさに考えた。

オオカミだったら、この状況でどうするだろう？　長年にわたる観察を通して、オオカミは優れた教師であり、順応の名人であることを習った。

シカ狩りに失敗したらどうする？　――ひと眠りしてからもう一度やり直せばいい。

遠出をして戻ったとき、縄張りがほかの群れに占領されていたら？　――命の危険を冒すのは割に合わない。新しい地域を探して、ライバルが去るのを待つことにしよう。

雪が深くてじめじめしているから、歩くのは困難だとしたら？　――それなら道路を利用してエネルギーを節約すればいい。

いつまでも愚痴や文句を言うわけでもないし、怒って地団太を踏むこともない。状況を変えることはできないから、そのなかでベストをつくすか、代替案を選ぶ。

オオカミはどんな状況にも順応できる。火山噴火のために行く手を妨げられたら、どうする？　何もしない。待ってもしかたがないし、ほかに方法がないなら、別の任務を果たせばいい。私は、オオカミから学んだことを適用することにして航空券をキャンセルすると、この体験について記事を書いた。

W・W・W・Dは私にとって一種の〝人生ガイドブック〟となり、どうしていいかわからない状況に陥ると、オオカミならどうするかと考えるようになった。彼らの解決法は気をそそるほど単純なのに、彼らが私の立場にあったらどうするか、ほんとうに〝知る〟ことはできない。人間の観点と長年の野外観察から類推するにすぎない。

さまざまな点でオオカミは私たちと似ている。私たちと同じく個性、魂、心、理性、感情といったものを持つ生物――それでもなお、ほかの惑星から来た生物ほどに相違がある。

ときどき私は考える。オオカミだったらどんな感じだろうか、と。だが、彼らの思考や感情、彼らの世界に入り込もうとするたびに、オオカミをほんとうに理解することはできないとわかって謙虚な気持ちになる。私は人間で、彼らはオオカミなのだから。

オオカミは人間の尺度では測れない。彼らは、私たちの世界より古く成熟した世界のなかで完璧に活動している。彼らの持つ鋭い感覚能力は、私たちが失ったか、あるいは発達させなかったものであり、私たちには聞こえない声に頼ることができる。それでも、われわれは存在と時間からなる網のなかに結ばれていて、どちらもすばらしい惑星である地球の被創造物なのだ。

イエローストーン国立公園で、オオカミたちの愛や死を含む生活を長年にわたって見守ることができたのは幸運だった。家族を持つことの大切さや、愛するものたちに愛情を示すことの大切さを彼らは教えてくれた。それと、人生を喜び祝うこと。たとえそれが、ラマー・ヴァレーの緑の草地におけるほんの一瞬だとしても。人間であることの意味を、彼らは教えてくれたのだ。

オオカミの知恵

家族を愛し、託されたものたちの世話をすること。遊びをけっして忘れないこと。

付録
オオカミ・ツアーについて――イエローストーン国立公園、ドイツ国内

本書を読んで、ほんものの野生オオカミを観察したいと思い始めた人もいるかもしれない。イエローストーン国立公園がそのための理想的な場所であることは間違いない。そこで、イエローストーンを訪れるさいのアドバイスをいくつかここに記した。そのほか、ドイツ国内のどこでチャンスがあるかについても例をあげたので参考にしてほしい。

イエローストーン国立公園

◎季節について

オオカミ・ウォッチングに最適なのは冬から春にかけての季節。冬（一月と二月）には、大きなシカの群れがラマー・ヴァレーに集まってくる。この時季のオオカミの毛皮は最も美しく、交尾期で求愛の真っ最中には観光客の存在を忘れることもある。

寒さが厳しいのが難点で、マイナス二〇〜四〇度になるが、その代わりに観光客の数もずっと少ない。

春（四月と五月）には暖かくなり、花々が咲き乱れる。たくさんの餌動物が出産し、オオカミの赤ちゃんも生まれる。家族は出産用洞穴のそばに頻繁に現れるので、定位置で観察できるという利点がある。養うべき家族が増えるため、この時季には狩りが多くなり、狩りの現場を観察する絶好のチャンスでもある。

夏はおすすめできない。餌動物とともにオオカミも高原地域に退くほか、公園を訪れる観光客が非常に多い。

晩秋はオオカミ・ウォッチングにはとても適している。初の夜霜や木々の色彩のみごとさもこの季節ならではの見どころといえる。

◎ホテル

年間四〇〇万人の観光客が訪れるので、国立公園内および周辺に無数のホテルがある。公園内のホテルは特別に美しいロケーションなのでおすすめだが、早めに予約する必要がある。営業許可取得者のサイト（https://www.xanterra.com）から直接予約するのがいちばんだが、一年前くらいでないと部屋がとれないこともあるので要注意。

冬季は公園北口に位置するガーディナーがベース地となる。公園内にあるマンモスホットスプリングスホテルを予約するのもいい。

キャンプ場は公園内に一二カ所あるが、年間を通して使えるのはマンモスホットスプリングスのみ。キャンプ場の多くはハイイログマ棲息地にあるため（フィッシングブリッジ）、テントは禁止でキャンピングカーでの利用に限られる。予約可能な場所もあるが、〝先着順〟の場合が多いので、希望するキャンプ場の入口に早朝に来て並ぶことをおすすめしたい。その日に去るキャンピングカーの場所が手に入るかもしれない。オオカミ棲息地のなかにある理想的な場所は、ペブル川キャンプ場やスラウ川キャンプ場。次のサイトでキャンプ場周辺の映像や営業時間を確認できる。

(http://www.nps.gov/yell/planyourvisit/campgrounds.htm)

数日間滞在して奥地をハイキングしたい場合は、国立公園管理課の許可が必要。基本的にクマの棲息地に単独で入ることは禁止され、四人以上のグループでの行動と熊よけスプレーの携帯が義務づけられている。スプレーはトウガラシ粉と催涙ガスを混ぜたもので、公園内や近辺のスポーツ用品店および土産物店で手に入る（五〇ドルくらい）。

◎携帯電話

公園内における電波の送受信は、ホテル内および観光客エリアに限定されている。電話を多用する観光客に煩わされた人々から苦情があったため、電波塔数本が解体された。

◎オオカミはどこにいるか

年間を通してオオカミ・ウォッチングに適しているのは、車で行ける公園北部。〝オオカミの谷〟と呼ばれるラマー・ヴァレーでは四季を問わずチャンスがあり、冬場はヘイデン・ヴァレーもいい。

早起きして夜明けとともに出発することをおすすめしたい。谷沿いの道路を進み、パーキングで車を止めてエンジンを切り、窓を開けて双眼鏡で周囲を探す。ひとかたまりの人々がいて、フィールドスコープやカメラで一方向を見ていたら、立ち寄ってみる価値はある。私のように定期的にオオカミ・ウォッチングをする人々は、いっしょに見たいという方々に喜んで装備をお貸しする。

動物を観察するのは夕暮れどきもいいが、その後暗闇のなかを宿泊先までドライブするさいには、野生動物がよく道路を利用するため注意がいる。とくに冬場はバイソンの大きな群れが道路を通って移動するので、忍耐の訓練にいいかもしれない。公園管理人が前に忠告してくれたことだが、バイソンの群れに出会ったら、車間をあけないようにして徐行すること。車と車のあいだが数センチ開くと、バイソンが身体を押し込み、最高速度はバイソンの歩行速度と同じになる。

もう一つ特別なのは、イエローストーンは天文学のメッカであること。近辺に大きな都市がないので、星空の美しさは格別。

◎そのほかのアトラクション

イエローストーンを訪れるなら、地熱活動のアトラクションは必見だ。最も有名なオールド・フェイスフル・ガイザーをはじめとして、地球上の間欠泉の六〇パーセントがここにある。一万カ所以上の温泉と、年に二〇〇〇回を超える地震は、イエローストーンが活火山の上に位置することを思い出させる。

◎あまり時間がない場合

滞在は短いけれど、オオカミを見たいという人は、一日か二日、現地ガイドを予約するといい。

(http://www.yellowstone-wolf.de)

ガイドの人から、オオカミがどのあたりにいるかという概観が得られるので、その後自力で探しやすい。

◎用意したいもの

季節に適した衣類のほかに、高性能の双眼鏡、望遠レンズ付きまたはハイズームのカメラが必要。フィールドスコープがあればもっといいが、一度の休暇旅行のために購入するのは出費が大きすぎる場合は、ガーディナーで借りることもできる。

(http://opticsyellowstone.com)

そのほか、夏は虫よけスプレー、サングラス、紫外線防止効果の高い日焼け止めクリームは必需品。ラマー・ヴァレーは標高二五〇〇メートルにあることを頭に入れておこう。

◎オオカミの見分けかた

念願かなってイエローストーンを訪れ、オオカミ探しに出かけ、早くも見つけたと思ったらコヨーテだった、ということはよくある。コヨーテとオオカミを見分けるのは、慣れない人には簡単なことではない。オオカミ専門家でも苦労することがあるのだから。そこで、いくつかヒントを記しておこう。

まずは大きさ。オオカミはコヨーテにくらべてずっと大きくがっしりとして、頭は小さめ。長く頑丈な脚を持つ。夏季には毛皮が短いためにとくに長く見える。歩行しているとき、足は華奢な印象を与え、脚の動きはコヨーテにくらべて遅い。コヨーテは脚を速くちょこちょこと動かして走る。

尻尾の位置も見分けるヒントにはなるが、決め手にならないこともある。オオカミはたいてい水平または上に向けている。興奮しているときは上向き。リーダーも、ほかのオオカミ家族が近くにいるときは尻尾を上げていることが多い。それに対してコヨーテは尻尾をそれほど上げない。

コヨーテの耳は先をぴんととがらせて上に向いている。ただし、卑下しているときは耳をほぼ水平に垂らしている（〝飛行機の耳〟と呼ばれる）。オオカミの耳は先がまるい。

コヨーテの鼻は長く鋭いが、オオカミの鼻はがっしりしている。

毛皮の色も参考になるだろう。黒または白ならオオカミだが、日陰では濃く見えることもあり、判断しにくいかもしれない。イエローストーンにいるライトグレーのオオカミは、ほとんど白に見える。

糞や地面に残された前足の跡を見れば、どちらか判断できるほか、どこにいたのかもわかる。厚さ二・五センチ以上の大きな糞の塊なら、オオカミと考えられる。

オオカミの足跡は大きいので、コヨーテのものと区別しやすい。生後二カ月でも（体の小さい雌の場合も）足跡はコヨーテのそれより大きい。大型犬の足跡のほうがオオカミに近いだろう。爪をのぞく足跡の長さが六センチ以上であればコヨーテのものではなく、また一二センチ以上であれば犬ではない。

もう一つ参考になるのは歩幅で、オオカミは平均一三三センチ。コヨーテは平均六〇センチなので、かなり差がある。

オオカミが近寄ってきたら、どうしたらいい？

イエローストーンのオオカミは人間を知っており、（個性にもよるが）人間に対する恐怖をほとんど持たない。オオカミに接近されるという幸運に恵まれた場合、動物の身になって行動し、次の点に注意してほしい。

◎距離を保つ

国立公園では動物との距離は規定され、バイソンは二五メートル、オオカミは五〇メートル、クマは一〇〇メートル以内に近寄ることが禁じられている。オオカミがもっと接近するよう誘わないこと。後退してできれば車に乗り込み、邪魔せずオオカミを通過させる。オオカミの前を走って逃げないこと。

◎追い払う

イエローストーンでは動物の行動を変化させることは禁止されているため、意識的に追い立ててはいけない。グループでウォッチングしているときなら、考える必要はあるまい。ほかの人たちとともにじっと動かず、眺めを楽しめばいい。国立公園の奥地に一人でいるときにオオカミがアクティブに接近してきたら、ドイツでオオカミに出会ったときと同じ反応をすること。大きく見せるように体をまっすぐに伸ばし、手を叩くか大声で話しかけるかして追い払う。

◎餌をやらない

餌をもらったオオカミは（コヨーテ、クマ、シカ、そのほかの野生動物も同じだが）、死んだも同然だ。一度経験すると、どこでどうすれば人間から餌をもらえるかということを覚える。野生動物に餌を与える、ピクニックした場所に食物やゴミを不注意から置き忘れる、といったことは法的に禁止されていて、厳しい罰則がある。

◎犬は禁止

国立公園内では、犬はリードをつけた状態で道路のみで許可されている。奥地には連れて入れない。犬はオオカミやクマを引き寄せることがあり、リードのない犬は襲われる危険もある。

◎オオカミ・ウォッチングのさいの安全とマナー

イエローストーンでは、自然環境のなかで野生動物を観察するという特権がある。動物たちをなるべく邪魔せずに滞在を楽しむために、私のオオカミ・ツアーでは守ってほしいマナーを提示している。

・野生動物に餌をやらない（物乞いするジリスやずうずうしいカラスを含む）。
・立入禁止区域を尊重すること。〝停車・ウォーキング禁止〟の立て札があれば、使用中の出産用洞穴がある区域を意味する。たいてい一時的なもので、動物たちが邪魔されることなく子育てできるよう配慮したい。そのような区域では、極端な徐行や停車は避けること。道路を徒歩で歩くことも禁止されている。
・スピードを出さないこと。最高速度七〇キロだが、薄暗いときにはそれでも速すぎるかもしれない。
・歓声や吠え声をたてたり、口笛を鳴らしたりして動物の注意を引こうとしないこと。彼らの自然な行動が妨げられる。
・ほかの訪問客への配慮を忘れないこと。エンジンを切り、小声で話し、車のドアを静かに閉める。

ほかの人の装備品を使いたいときは、許可をもらってから借りること。
・国立公園内のものを持ち帰らないこと。石、花、木の枝などを取って持ち出すことは厳禁されており、罰金または禁固刑を受けることもある。

◎マップ

オオカミ・ウォッチングに最適な場所を記したマップ
(http://tinyurl.com/87fyh3b)
ラマー・ヴァレー全体
(http://www.yellowstone.co/maps/lamarvalley.htm)
むらさき色の表示はウォッチャーが特徴ある場所につけた、内輪の呼び名。公園管理人たちがトランシーバーでこの名前を使うのをときどき耳にするかもしれない。
イエローストーン国立公園その他の一般情報は、次のサイトを参照してほしい。
(http://www.nps.gov/yell)

ドイツ国内

イエローストーンでオオカミを見ない日は両手の指で数えられるが、ドイツでは走り過ぎるオオカミの影を目にするだけでも大きな幸運といえる。彼らの行動は非常に控えめで、それは彼らのためでもある。

オオカミの群れがすでに定着しているのは、ザクセン州、ザクセン＝アンハルト州、ブランデンブルク州、メクレンブルク＝フォアポンメルン州、ニーダーザクセン州。単独で移動するオオカミは、現在ではドイツ国内のどこに現れてもおかしくない。大部分のオオカミは陸軍演習場または露天掘り鉱山に棲息する。

オオカミ・ツアーは、ドイツでも体験できる。

ただし、ポイントは観察ではなく、オオカミについての知識を持ってもらうことにある。インストラクターはオオカミとその棲息地について説明し足跡に注意を向けてくれるほか、糞の採取、牧羊犬を使用する牧羊農家の訪問といった活動を行なっている。

オオカミを見なくても、実際に近隣に存在するとわかれば特別な体験となるだろう。

◎オオカミ・ツアー情報

ヴェントランド（http://www.kenners-landlust.de）

ラウジッツ（http://www.wolfswandern.de）

国内および国外におけるオオカミ足跡セミナー（http://www.wildniswissen.de）

ラウジッツ研究所（http://www.wildnisschule-lausitz.de）

訳者あとがき

私のお気に入りは、オオカミ家族が午睡から目覚めておふざけを始めるシーン。心ゆくまでじゃれ合い、丘に登っては雪の斜面を滑り下りることをくり返す。両親もいっしょになって遊ぶけれど、子どもたちが羽目をはずしたらブレーキ役も果たす。やがて静かになり、だれからともなく遠吠えを始めて家族みんなが唱和する……。

こうしたオオカミ家族の描写は、本書の大きな魅力であるとともに、動物の生態を知るための何よりの情報でもある。オオカミをなるべくたくさん見たいという願いから、イエローストーン国立公園の大自然のなかで暮らした著者。炎天下であっても、マイナス三〇度という酷寒でも、毎日何時間も立ったまま観察するし、昼寝中であれば目覚めるまでじっと待つというから、その熱意は並大抵ではない。〝オオカミ依存症〟という著者自身の言葉にずばり表現されている。

オオカミはとても社会的で賢い動物というイメージが一般的になったのも、エリ・H・ラディンガーのような熱心な研究家のおかげといえるだろう。実際、いろいろなテーマでオオカミが引き合いに出されることが多くなったように思う。たとえばペーター・ヴォールレーベン。森林管理官として自然と深くかかわって得た経験や知識を活かして、樹木や動物たちの、一般人にあまり知られていない生活を描写した著書が大ヒットし、邦訳も出ている（『樹木たちの知られざる生活』『動物たちの内なる生活』ともに早川書房）。

彼のベストセラー三作目『Das geheime Netzwerk der Natur（自然の知られざるネットワーク）』では、「オオカミは樹木を助ける」と冒頭で切り出している。え？　オオカミ本を読んでいるのではなかったはずだけど……と、思わずタイトルを確かめた。自然は見えないところでつながっていることの顕著な例として、イエローストーンにおけるオオカミ再導入のいきさつを取り上げていたのだ。つまり、オオカミ、草食動物、樹木、ビーバー、河川といったつながり……科学者たちの予測と、自然は実際にはもっと複雑にできているから予測どおりにはならなかったけれど、明らかに好影響があった、という私たちにはもうおなじみの展開。ヴォールレーベンは、「わがオオカミ研究家エリ・ラディンガー」と、著者の業績を高く評価するとともに、「オオカミのおかげで森は魂を取り戻す」と表現している。スウェーデンの森をハイキング中にオオカミのシュプールを発見したとき、ふいに〝野性〟を感じて神経が張り詰めたそうだ。

そのほかイスラエルのライター、ユヴァル・ノア・ハラリも、第三作『21 Lessons for the 21st Century（二一世紀の二一のレッスン）』のなかで「オオカミの子どもたちだってゲームのルールを守らなければ仲間はずれにされる」という意味のことを、短く説明している。

ドイツにおけるオオカミ状況についてはすでにお読みいただいたとおりだが、隣国スイスではどうかというと、一八七〇年頃に南部ティチーノ州で最後のオオカミについての記録がある。それ以降、イタリアからときどき単独で〝密入国〟したが、人間という天敵のおかげでいずれも長くは生き延びなかったらしい。一九八六年から法律で保護されるようになり、一九九五年に復活している。イエローストーンに再導入されたのとほぼ同じころだ。現在、約四〇匹が国内にいると推測されている。ちなみに、スイスの面積は九州とほぼ同じである。

日本では一九世紀末から二〇世紀初頭にかけて絶滅したといわれている。理由としては、餌動物の減少、害獣として駆除されたことなど複数の要素がある。大型捕食動物がいなくなると、シカやイノシシが増加した。その結果として植生が崩れるとともに生物の多様性が低下し、生態系のバランスが失われたと考える科学者が多く、オオカミ再導入を提唱する人々もいる。日本は海に囲まれているため、ヨーロッパのように近隣諸国から自然に流れ込むことはないから、どこかから連れてくるしか方法はない。

日本にいたのは主としてニホンオオカミで、体重がせいぜい二〇キロほどだったというから、かなり小型だ。絶滅してしまったので〝再導入〟は不可能という意見もあるが、ニホンオオカミは北半球広域に棲息するハイイロオオカミの亜種なので、ハイイロオオカミを連れてくれば問題はない、と賛成派は主張している。

西欧ではオオカミは悪者というイメージがいつのまにかはびこったが、それほど長いことではあるまい。事実、特別な力を持つ存在としてオオカミを崇める民族も多い。日本でも、オオカミは〝大神〟つまり〝偉大なる神様〟として畏敬されていた。草食動物から農作物を守ってくれるありがたい動物という考えかたは、日本のみならず西欧でも一般的だったはずだ。ドイツやスイスで絶滅してから数十年が経ったいま、生態系のバランスを取り戻すために大型捕食動物は必要だという考えが広まっている。ただ、(ドイツ国内で)数百匹ならいいけれど、数千匹に増えたらどうなるか……ということは誰にもわからない。餌が増えればそれだけ捕食者も増え、捕食者が増えれば餌は急減する、という自然の長いリズムに私たち人間がついていけるかどうか。

著者エリ・H・ラディンガーは、オオカミが大好きだから、もっと保護してもらいたいと願っている。保護したいという気持ちをたくさんの人に持ってもらうためには、動物のことを……愛らしさ、賢さ、社会性といったことを知ってもらうのがいちばんだ。本書を読んでくださったみなさんには、それが伝わったのではないだろうか。

写真クレジット

写真編集 : Tanja Zielezniak

本文 :

Alle Bilder stammen von Koppfoto/Gunther Kopp, Dunzweiler, mit Ausnahme von: Askani, Tanja: 56, Cornilsen, Corina: 257; Foard, Marlene: 37; Hamann, Michael: 229; Hartman, Dan: 59; Hogston, Gerry: 23; mauritius-image: 70(NPS photo/Alamy/Diane Renkin), 88(Park Collection/Alamy/Dan Stahler), 111, 125, 177, 195, 206(NPS Photo/Alamy), 178(Nature and Science/Alamy), 7(Raimund Linke); Mark Miller Photos: 51, 55, 112; Mayer, Michael: 221, 222; National Park Service, public domain: 8(NPS/Jacob W. Frank), 126(NPS/Dan Stahler); Privatarchiv Elli H. Radinger: 9.

口絵 :

20-21(Tom Uhlman/Alamy); Mayer, Michael: 22-23, 24; National Park Service, public domain: 6-7(NPS).

著者紹介

エリ・H・ラディンガー (Elli H. Radinger)

1951年、ドイツ・ヘッセン州に生まれる。大学で法学を学んだのち弁護士を務めるが、大好きなオオカミと時間を過ごし、書籍や記事を執筆するためにそれまでの仕事を辞める。

1991年にドイツオオカミ保護協会を設立し、『Wolf Magazin（オオカミ・マガジン）』を創刊。

1995年からイエローストーン国立公園におけるオオカミ再導入に参画。

現在はドイツにおけるオオカミ研究の第一人者として講演会やセミナーを行ない、オオカミ、自然や生態系についての知識を広めている。

訳者紹介

シドラ房子 (Fusako Sidrer)

新潟県生まれ、スイス在住。武蔵野音楽大学卒業。ドイツ文学翻訳家、音楽家。

主な訳書に『その一言が歴史を変えた』『元ドイツ情報局員が明かす心を見透かす技術』（以上、CCCメディアハウス）、『空の軌跡』（小学館）、『自然を楽しんで稼ぐ小さな農業』（築地書館）など多数。

狼の群れはなぜ真剣に遊ぶのか

2019年2月28日　初版発行

著者　エリ・H・ラディンガー
訳者　シドラ房子
発行者　土井二郎
発行所　築地書館株式会社
東京都中央区築地7-4-4-201　〒104-0045
TEL 03-3542-3731　FAX 03-3541-5799
http://www.tsukiji-shokan.co.jp/
振替 00110-5-19057
印刷・製本　中央精版印刷株式会社
装丁　吉野愛

　ISBN978-4-8067-1578-8